大规模围填海的综合效应评估

王勇智　郭　振　王　晶　著

中国海洋大学出版社

·青岛·

图书在版编目(CIP)数据

大规模围填海的综合效应评估 / 王勇智,郭振,王
晶著 . 一青岛:中国海洋大学出版社,2021. 11
ISBN 978-7-5670-2957-6

Ⅰ. ①大… Ⅱ. ①王… ②郭… ③王… Ⅲ. ①填海造
地一研究一中国 Ⅳ. ① TU982. 2

中国版本图书馆 CIP 数据核字(2021)第 206599 号

出版发行	中国海洋大学出版社
社　　址	青岛市香港东路 23 号　　邮政编码　266071
出版人	杨立敏
网　　址	http://pub.ouc.edu.cn
电子信箱	1193406329@qq.com
订购电话	0532-82032573（传真）
责任编辑	孙宇菲　　　　　　　　电　话　0532-85902349
印　　制	青岛中苑金融安全印刷有限公司
版　　次	2021 年 11 月第 1 版
印　　次	2021 年 11 月第 1 次印刷
成品尺寸	185 mm × 260 mm
印　　张	9. 5
字　　数	203 千
审 图 号	GS（2021）4947 号
印　　数	1～1000 册
定　　价	68. 00 元

发现印装质量问题,请致电 0532-85662115,由印刷厂负责调换。

前　言

过去20多年来,我国沿海地区由于经济发展和人口增长,土地资源紧缺压力增大,填海造地逐渐成为缓解沿海地区用地紧缺和促进区域社会经济发展的重要方式。然而,大规模围填海活动在取得巨大社会经济效益的同时,也随之产生了海岸带资源和环境的诸多负面效应,如自然海岸线长度缩减、滨海湿地面积减小、海湾纳潮量和自净能力下降、生物多样性降低等一系列问题,引起了社会各界的广泛关注。纵观国内外围填海的发展历史,可发现填海造地是把双刃剑。因此,如何客观地评价大规模围填海的经济、社会和生态综合效益,用科学客观的数据回应公众对于大规模围填海综合效益的关注,一直是海域使用管理部门和科研工作者管理和研究的重点之一。

本书是对自然资源部第一海洋研究所开展的大规模围填海管理技术研究的阶段性成果总结,以河北省3个典型的大规模围填海工程(区域建设用海)为例,系统开展了大规模围填海的综合效应评估研究工作,在进行广泛的历史资料搜集分析和补充调查的基础上,客观阐述了大规模围填海工程实施前后的区域社会、经济和环境变化,分析了大规模围填海工程产生的实际综合效益,提出了相应的海域使用管理对策和建议。本书可为我国海域使用管理者、围填海工程综合影响研究者和其他想了解大规模围填海相关背景和知识的社会各界提供一个认知窗口。

本书由自然资源部第一海洋研究所海岸带科学与海洋战略发展研究中心的技术人员共同完成,具体执笔人如下:第一章,王勇智、丰爱平;第二章,郭振;第三章,王勇智、田梓文;第四章,马林娜、刘勇;第五章,王晶、王勇智、池源、田梓文、孙惠凤;第六章,王晶、王勇智、郭振、赵锦霞;第七章,王晶、王勇智、郭振、王恩康;第八章,王勇智、丰爱平。由于作者对我国大规模围填海综合评估的认知有限,书中难免有瑕疵,希望广大读者批评指正。

作者

2021 年 5 月

目 录 ////////////

01 背景和研究目的

1.1　研究背景

海洋是生命的摇篮,所有生命的祖先都诞生在海洋之中,人类文明的诞生及其发展也依赖于海洋,与海洋有着不解之缘。因此,海洋为人类社会可持续发展提供了宝贵的空间和财富。海岸带是指海洋和陆地相互作用的地带,具备天然良好的区位优势,是海洋与陆地生产建设活动交互活动的重要场所。其便捷的交通条件和优质的自然资源条件促进了生产力水平的发展,吸引了大量人类活动,全球超过一半的人类活动集中于面积不到地球表面积10%的海岸带地区,世界上绝大多数国家的经济发达地带都是临海或距海较近地区。

围填海作为世界范围内缓解沿海地区土地供求矛盾、扩大人类生存和发展空间、满足公众亲海景观生态需求最便捷的方式一直在持续。尤其是近十几年来,随着我国经济的持续快速增长以及国际投资和产业转移,我国海岸带地区快速城市化,沿海土地资源性短缺和土地结构性短缺成为制约沿海地区经济发展的重要瓶颈,围填海成为一种拓展土地空间的重要手段。

1.2　世界和我国围填海概况

1.2.1　世界典型国家围填海概况

围填海作为人类开发利用海洋的主要方式之一,在世界上许多国家都较为普遍,围填海为各国的社会经济发展做出了重要贡献。世界围填海主要分布在4个区域,分别是东南亚沿岸(中国、日本、韩国、新加坡等),波斯湾沿岸(迪拜、卡塔尔等),西欧(荷兰、希腊、德国、英国、法国等),美洲沿岸(美国东海岸、墨西哥湾沿岸等)。

日本的国土狭小,但海岸线曲折、漫长,海湾众多。因此,为拓展生产和生活空间,日本很早就开始围海造地。日本的围填海大致经历了4个阶段:在1945年之前为围填海发展的初期,主要用于为农业和工业发展提供用地保障;第二次世界大战后的 1946—1978 年是日本工业迅速发展和恢复的重要时期,到 1978 年,日本填海造地面积累计约达 737 km²,主要用于港口和临港工业,在太平洋沿岸形成了一条长达 1000 km 的沿海工业地带;1979—1986 年,日本的填海造地开始进行结构化调整,用途转为第三产业,并更多地考虑环境效益,填海造地的规模和速度大大减小;进入 20 世纪 90 年代,日本经济增长缓慢,工业对土地的需求趋缓,社会公众对围填海的生态环境影响更加关注,导致日本的围填海面积开始逐年下降,规模基本上保持约 5 万平方米 / 年。

韩国的围填海起步较早,早期的填海主要用于扩充农耕用地,解决农业用地紧张的制约,其围填海的发展历程可以分为 5 个阶段:1910 年为围填海萌芽期,主要是一些小规模的农业围填海工程;1910—1945 年,填海工程规模扩大,主要用于农业种植;1950—1980 年,填海的用途逐渐向水利工程、工业建设等方向转变;1980—1990 年,围填海的主要用途已经变成工业、交通运输或综合利用,农业用地已占少数;1990 年至今,民众开始意识到围填海的环境影响,政府开始采取谨慎的围填海政策,每年仅有较少的围填海工程实施。

荷兰围填海造地不仅规模宏大,而且有近 800 年的历史。荷兰海岸线长约 1075 km,境内地势低洼,其中 24% 的国土面积低于海平面,1/3 的国土面积仅高出海平面 1 m。为与洪水抗争,排除积水,防洪防潮,拓展生存空间,荷兰开展了大规模、长期持续的围填海造地行动。目前,荷兰全国围海造陆面积达 5200 km²,挡潮闸建筑技术水平居世界前列。荷兰围填海造地的发展历程具体可以分为 4 个阶段:13 ~ 16 世纪为缓慢发展时期,利用最原始的方法,选择天然淤积的滨海浅滩,用木桩及枝条编成阻波栅,围出淤积区;17 ~ 19 世纪为飞速进展时期,进入 17 世纪,荷兰国力增强,达到历史上的“黄金时代”,造地速度大大加快;进入 20 世纪,围海、排湖造田的规模进一步扩大;21 世纪以来为退滩还海时期。前三个阶段主要是出于生存安全的需求,第四个阶段是为了追求与自然和谐相处。

卡塔尔位于阿拉伯湾西海岸中部,是由沙特阿拉伯向北延伸的一个半岛。从南到北全长 160 km,自东向西宽 80 km,总面积 11532 km²。卡塔尔围填海发展起步较晚,但起点高,发展迅速,具有特色的填海工程,包括珍珠岛填海工程、LUSAIL 填海工程和伊斯兰博物馆填海工程等。其围填海发展的特点是:① 起点高,注重高品位。卡塔尔当地崇尚建设具有地标性的建筑,倾向将海岸建设成优美的景观廊道,如伊斯兰博物馆的突堤与人工岛相连,突堤为透水结构,人工岛四周采用直立式设计,没有不美观的海岸裸露。② 注重水循环。注重将填海设计成水道交割的区块,水道往复,水流通畅,从而保证填海区域的生态功能最大化。③ 采用独特的内挖式填海。由于卡塔尔填海主要是为了营造优美的海岸环境,多采用了向岸内挖的方式进行“填海”,通过这种方式可起到对海岸进行整治、修复、开发的目的。

迪拜是阿联酋 7 个酋长国之中的第二大酋长国,近年来迪拜的发展速度较快,已从

20世纪60年代的小渔村变成今天享誉全球的现代化大都市。为了与新加坡、中国香港、拉斯维加斯等在商业、休闲领域竞争，迪拜酋长国提出了建设海上人工岛的宏伟工程。这项工程设计为朱迈拉棕榈岛填海工程、阿里山棕榈岛填海工程、代拉棕榈岛填海工程、世界岛填海工程、海运城填海工程。迪拜填海的主要特征有：① 不占用自然岸线，注重延长岸线。迪拜海上人工岛工程建设后可增加海岸线约 1000 km。② 大量采用仿自然生态设计。填海工程大量采用了优美形态，如采用了棕榈岛、世界地图等形象，已成为当地标志性工程。③ 注重环境影响，分散式开发。迪拜棕榈岛和世界岛工程是目前世界上大规模围填海的最先进模式，主要是将大块的填海分散呈小块岛屿组团，其在设计上注重环境影响，时刻注重突出"亲水性"。

1.2.2 我国围填海概况

围填海在我国有着悠久的历史，在我国经济社会发展的历程中也留下了重要的痕迹。我国有记载的围填海最早出现于距今 2000 多年前的汉代，从唐、宋、元、明、清等史料中也可以发现有关围填海的记载，主要用于防灾、农垦或晒盐。当代围填海始于 20 世纪 50 年代，从中华人民共和国成立以来，沿海地区先后兴起了 4 次大的围填海高潮。

第一次是中华人民共和国成立初期的围海晒盐，从辽东半岛到海南岛，我国沿海 11 个省、市、自治区均有盐场分布，其中长芦盐场正是在这个阶段经过新建和扩建成为我国最大的盐场，而南方最大的海南莺歌海盐场也是在 1958 年建设投产的。这一阶段的围填海主要以顺岸围割为主，围填海的环境效应主要表现在加速了岸滩的淤积。

第二次是 20 世纪 60 年代中期至 70 年代，围垦海涂扩展农业用地，如汕头港从中华人民共和国成立初期到 1978 年围垦总面积达 58 km²，福建省农业围垦的面积约为 750 km²，上海市这一阶段的农业滩涂围垦面积也有 333 km²。这一阶段的围填海也以顺岸围割为主，但围垦的方式已从单一的高潮带滩涂扩展到中低潮滩，同时农业利用也趋向于综合化，围填海的环境效应主要表现在大面积的近岸滩涂消失。

第三次是 20 世纪 80 年代中后期到 90 年代中期的滩涂围垦养殖热潮和沿海城镇向海扩张。这一阶段的围海主要发生在低潮滩和近岸海域，围海养殖的环境效应主要表现在大量的人工增殖使得水体富营养化突出，海域生态环境问题突出。据初步统计，这三次大规模围填海造地面积达 12000 km²，围海速度为 230 ~ 240 平方千米／年，其中，江苏省围填海造地 2270 km²；浙江省围填海造地 1650 km²；上海市围填海造地 730 km²；珠江口仅珠海一市就围填海造地 270 km²。这些新增围填的土地都是同期改革开放的前沿地带，提供了 2000 万人左右的生存空间。

进入 21 世纪，沿海地区经济社会持续快速发展的势头不减，2003 年颁布《全国海洋经济发展规划纲要》，将我国海岸带及邻近海域划分为 11 个综合海洋经济区，城市化、工业化和人口集聚趋势进一步加快，土地资源不足和用地矛盾突出已成为制约经济发展的关键因素。在这一背景下，沿海地区掀起了第四次围填海造地热潮，其主要目的是建设工业开发区、滨海旅游区、新城镇和大型基础设施，缓解城镇用地紧张和招商引资发展用地不足的矛盾,同时实现耕地占补平衡。这一阶段的围填海的环境效应主要表现为滨海湿地大量丧失,自然岸线减少,海岸带城市化产生的沿岸水体质量下降。

新一轮填海造地的特点是从零散围填海作业转向"集中集约用海"名义下的大规模连片填海造地。规模大,填海造陆速度快,主要用于大型化工、钢铁、港口等沿海产业及城镇建设,是新一轮填海适地的特征。大规模围填海工程主要分布在海洋环境较为脆弱的河口、海岸海域,如辽河口、天津滨海、江苏沿海、长江口、珠江口及渤海湾、胶州湾、杭州湾、乐清湾、罗源湾处。例如,天津滨海新区计划分期造陆 100 km²,曹妃甸工业区 2004—2020 年规划造陆 310 km²,大连长兴岛的围海造地已成陆面积 30 km² 等。

从区域分布来看,2002 年之前,我国沿海各省、直辖市围填海造地总面积以江苏、福建两省为最多;2002 年之后,围填海造地总面积以河北、天津、辽宁增长最快。我国在围填海造地开发利用方式上,2002 年以前表现为以农业围垦和港口建设占主导地位,其他围填海造地面积所占比例相对较小。2002 年后用海方式发生变化,港口用海大幅度上升,农业围垦用海有所下降,临海工业用海急剧上升。

根据 2015 年原国家海洋局发布的数据显示,近 10 年来,我国依法审批填海造地用海面积 1350.55 km²,约占沿海地区同期新增建设用地的 12.4%,相当于我国第三大海岛崇明岛的面积,围填海为保障国家战略实施、吸引区域投资、增加港口吞吐量、带动区域经济增长、增加新增就业人口数量、弥补建设空间不足和缓解耕地保护压力发挥了巨大的保障和推动作用。据估算,每平方千米填海造地可吸引投资 50 亿元,每平方千米工业用海可吸引投资 80 亿元,填海造地对沿海地区经济增长的贡献度约为 4.56%,带动了沿海地区近 5 年来近百万人实现就业。

1.3 区域建设用海规划简介

1.3.1 区域建设用海规划定义

区域建设用海是指在同一区域内、集中布置多个建设项目,进行连片开发并需要整体围填用于工业、城镇和港口等建设的用海方式。其基本管理模式是根据地方海洋经济发展的战略需求,在继续强化对单个用海项目管理的基础上,对区域内的建设项目实行总体规划管理。其目的是对区域内的建设项目进行整体规划和合理布局,确保科学开发和有效利用海域资源,同时有利于解决单个项目用海论证可行而区域整体论证不可行的问题。

区域建设用海与单个项目用海的区别主要表现在以下几方面:在地理空间上,区域建设用海涉及的海域空间范围大,规划层次更高;在时间尺度上,区域建设用海更强调时间上的连续性,通常规划实施时间较长,要综合考虑累积效应;在宏观层面上,区域建设用海更体现综合性,考虑的规划要素及用海影响问题多而全,而单个建设项目用海则考虑得更具体、细致;在结构体系上,区域建设用海规划更强调系统性、协调性,既要综合考虑用海与周边自然环境、社会经济条件等的外部协调性,也要考虑规划用海区域内的功能分区、平面形态、项目布置等内部协调性。

1.3.2 区域建设用海规划的功能定位

区域建设用海规划区的总体功能定位指区域建设用海在区域经济发展中的作用和承担的分工,经济、社会和环境发展目标,产业发展方向和规模,以城镇建设为主要开发利用方向的区域建设用海,还应明确城市的性质和未来的人口规模。当前,沿海诸多城市作为我国改革开放的前沿和重点推进区域,经济活跃,基础产业雄厚,具有得天独厚的区位条件和良好的发展前景。而随着经济的迅猛发展,工业化和城镇化进程的加速,沿海地区的人口日益密集,土地资源越发稀缺,受限的陆域空间在不同程度上制约着区域经济社会的发展。区域建设用海规划的实施,不但能够有效缓解沿海地区经济迅速发展与建设用地供给不足的矛盾,还将有效引导海洋产业聚集发展,促进海域资源的集约利用和优化配置。因此,区域建设用海的功能定位宏观上表现为以下三个方面。

(1)涉海产业、新兴产业和高新产业为主的工业园区。区域建设用海用于包括港口、物流、化工、冶金、装备制造、船舶等产业的项目建设。

(2)推动传统产业升级的工业园区。区域建设用海用于推动本地区原有传统、优势产业的升级、优化。

(3)分流密集人口的城镇新建区。区域建设用海作为城镇拓展的新空间,既是工业新区的生活配套,也是吸引主城镇密集人口向该区迁移的滨海新城。

1.3.3 区域建设用海规划的管理

2006 年,原国家海洋局发布了《关于加强区域建设用海管理工作的若干意见》（国海发〔2006〕14 号）,开始实施区域建设用海规划制度。区域建设用海规划制度实施以来,对于服务沿海经济发展等发挥了重要作用,受到沿海地方政府的高度重视,已成为同期海域工作的重点和热点问题。

2008 年,原国家海洋局出台了《区域建设用海总体规划报告编写大纲（试行）》和《区域建设用海规划报告编写技术要求（试行）》,对报告编写的格式、内容和相关概念做出了规定。

2008 年,原国家海洋局发布了《关于改进围填海造地工程平面设计的若干意见》,规范和指导项目用海及规划用海的总体布局和平面设计的科学性和先进性。要求包括围填海造地工程平面设计要体现离岸、多区块和曲线的设计思路,最大限度地减少对海岸自然岸线、海域功能和海洋生态环境造成的损害,以实现科学利用岸线和近岸海洋资源。同时指出围海造地工程平面设计的主要方式包括人工岛式围填海、多突堤式围填海和区块组团式围填海,并遵循保护自然岸线、延长人工岸线和提升景观效果的基本原则。

2009 年底,国家发展和改革委员会、原国家海洋局联合下发了《关于加强围填海规划计划管理的通知》,确定从 2010 年开始将围填海正式纳入国民经济和社会发展的年度计划,对围填海年度总量计划管理。

2011 年 3 月,原国家海洋局印发了《区域建设用海规划编制技术要求》。

2011 年 9 月,原国家海洋局发布了《关于规划区域建设用海环境影响评价工作的意见》。

2013 年 4 月,原国家海洋局发布了《关于进一步加强海洋工程建设项目和区域建设用海规划环境保护有关工作的通知》,强调了区域建设用海环评的重要性和重点要求。

2014 年,原国家海洋局印发了《关于加强区域用海规划拟建项目审查管理工作的通知》,进一步明确区域用海规划内拟建项目的审查要件,强化规划内项目实施的监督管理。

1.3.4 我国区域建设用海现状

根据原国家海洋局历年所发布的《海域使用管理公报》显示,2010 年,全年批准了15 个区域建设用海规划,规划总面积 216.65 km²,其中规划填海面积 179.69 km²;2011 年,全年批准区域建设用海规划 15 个,规划总面积 182 km²,其中规划填海面积 163 km²;批准高涂围垦养殖用海规划 2 个,规划总面积 257 km²;2012 年,全年批准区域建设用海规划 25 个,批准区域农业围垦用海规划 2 个;2014 年,全年批准建设用海规划 4 个。截至 2015 年底,原国家海洋局共批复区域建设用海规划 107 个,总规划用海面积约 2020 km²,填海面积近 1222 km²。由此可见,自区域建设用海规划制度实施以来,大规模的填海造地热潮持续高涨。

1.4 研究目的

河北省区域建设用海规模较大,规划区的填海造地总面积位于全国前列,以沧州渤海新区、曹妃甸工业区和京唐港区域建设用海规划较为典型。因此,本研究拟通过规划区基础资料收集、补充调查、数据分析和数值模拟,初步阐明上述规划区实施的经济效益、社会效益和生态环境影响,客观地给出区域建设用海规划实施的利弊与损益;评估规划区的规划进展情况、集约节约用海(地)水平和用海需求及其变化,并分析影响规划实施的主要因素;通过上述研究,明确规划实施存在的问题,从而有针对性地提出加强区域建设用海动态管理的对策措施,为加强区域建设用海的动态管理,落实规划用海、集约用海、生态用海、科技用海、依法用海总体要求提供科学依据。

02 围填海工程的综合效应

随着沿海地区经济飞速发展及人口增长压力日益增大，土地资源和空间资源短缺的矛盾越来越突出，对海洋进行围填海已经成为各国沿海地区向海洋索要生产和生活空间的一种有效方法，也是人类进行海岸带开发和利用的重要方式，可以从一定程度上缓解人地矛盾。目前，世界各沿海国家都在向海洋要土地，世界主要国家的围填海总面积已达 3976.95 km²，围填海已经成为各国沿海地区拓展土地、空间，缓解人地矛盾的重要途径之一。然而，围填海意味着海洋与海岸带自然属性的永久性改变，将会带来湿地生态系统退化、生态多样性减少、自净能力减弱、港口航道淤积等负面影响。纵观国内外围填海工程的发展历史，围填海工程有利有弊。正面效应主要体现在经济领域，负面效应主要在生态领域体现，而社会领域既有正面效应，又存在负面效应。

2.1 围填海工程对经济的影响

1）增加土地资源，缓解沿海地区人地矛盾

短时期内海岸带地区经济快速发展，人口密度迅速增加，刺激了对城镇化建设和工业用地的需求，根本原因是市场经济条件下土地价值的经济利益和围填海成本之间的利润差所致，目前我国沿海地区毗邻土地和围填海成本比均达 1.5 以上。围填海工程可以给沿海地区提供大量土地资源和空间资源，不仅可作为农业种植用地、水产养殖用地，还可以满足交通用地、工业用地、商业用地、市政设施用地等的需求，既拓展了经济发展空间，又降低了土地成本，能够有效地促进临海农业、养殖业、工业、商业的发展。

2）打开贸易通道，促进港口经济发展

经济发展离不开围填海工程的有力支撑，20 世纪 50 年代的围海晒盐促进了海洋盐业的发展；80 年代中后期到 90 年代初的围海造地发展养殖业，促使我国迅速成为世界第一海水养殖大国；21 世纪的港口建设，有力地促进了我国外贸经济发展，架起了我国与世界各国经济合作的桥梁。在"一带一路"倡议的大背景下，海运需求将不断扩大，围填海工程成为扩大港口规模的重要途径,有助于提高港口的吞吐能力。同时,在围填海过程中的配套设施建设投入,有利于在招商引资中掌握更多的竞争优势及海洋经济与陆域经济的联动发展。此外,海水利用、海洋工程装备业、海洋油气开发储存、海洋能源等产业,都可通过不同规模的围填海工程获得载体空间而推动发展。

3)提升观光与休闲地,发展滨海旅游业

滨海旅游也是海洋经济的重要组成部分,2017 年中国滨海旅游业实现增加值14636 亿元,比上年增长 16.5%,且规模仍在持续扩大。通过对海岸局部的围填改造,打造城市近岸亲水景观,并修建交通、餐饮、度假、娱乐等一系列旅游基础设施,既为当地市民提供休闲生活的地方,也为外地游客增加旅游观光的场所,有利于展示和打造城市品牌形象,提升城市的知名度,同时促进滨海旅游业的发展。有学者运用 AHP 和德尔菲法组合方法,得出围填海开发活动对旅游业的影响,表明围填海工程对滨海旅游可带来显著的经济效益,渤海湾旅游收入逐年增加,唐山市接待游客数量从 2005 年的 513 万人上升到 2012 年的 2557 万人。

2.2 围填海工程对生态的影响

1)打破滨海格局,易致灾害频发

围填海最大的问题是人为改变了岸线空间位置和格局,而海岸线是陆海系统在千百万年的相互作用中形成的一种平衡状态,滨海湿地和海洋生态系统中的各类生物等也受益于这种平衡。一旦人为将海岸线改变,使自然形态消失,这种平衡将被打破,同时改变了滨海各类型湿地一体化格局,其防潮削波、蓄洪排涝等方面的功能特性也因此发生相应的变化,极易导致生态和水文连通性受阻,湿地斑块化、人工化加剧。

首先,围填海工程对地表蓄水和下渗产生了影响,主要通过地表性质、河流形态、河流长度以及河口地貌形态的改变而呈现。围填区地表性质的改变使得地表的蓄水和下渗能力减小,导致地表对雨水的调蓄功能下降,暴雨径流量增加,引发局部水灾。其次,围填海工程影响了沿海的泄洪能力。我国沿海低洼地区约占整个海岸线地区面积的30%,沿海的洪涝水量主要通过沿海涵闸排入海洋,但由于围填海使部分天然泄洪出口受阻,影响洪水的下泻,削弱排洪能力,引发洪水、地面沉降等灾害,还会使更多的地表水下渗到地下,造成局部地区的地下水位上升。再次,围填海使城市用地不断向位于洪水位以下的低洼地区扩展,导致洪水灾害日益增多。

由于围填海工程带来的地表水下渗能力降低、泄洪口受阻、城市用地下移,从而导致的洪涝灾害增多。山东省无棣县与沾化县沿岸海域原始潮间带宽度 10 余千米,且滩面发育有植被,防灾减灾作用突出,但 20 世纪 80 年代末期大规模的围填海使岸线向海最大推进数 10 千米,潮间带宽度锐减。1997 年、2003 年两县连续遭受特大风暴潮袭击,直接经济损失超过 28 亿元。2011 年,无棣、沾化、惠民遭受严重涝灾和风灾,受灾人口 11 万人,受灾面积近 100 km²,直接经济损失 1860 万元。近年来,广州、深圳等地许多楼房地基受地下水浸泡,地下室进水、楼房开裂均与地下水位上升有关。

由于人为改变海底地形地貌,还易造成填海区域水动力条件较大改变和不稳定性增加,不仅会使周边湿地生态系统受到影响,甚至会引发赤潮和海啸。有学者对渤海生态环境及其影响因素研究得出,赤潮的发生频率、发生面积和发生时间呈现出三维扩大的趋势,其中一个重要因素就是围填海范围的增加。此外,围填区处于临海位置,一旦出现台风、海啸等重大海洋灾害,或突发灾害事故,有可能造成危险化学品泄漏和溢油等海洋生态环境突发灾害。

2)改变湿地属性,生态系统服务功能降低

围填海工程从根本上改变了原有的滨海生态系统结构,生态环境本底和生态系统服务功能也会发生变化。自然滨海湿地生态系统具有重要的生态服务功能和价值,与沿海地区经济发展、社会稳定、人民健康等休戚相关,是我国滨海经济乃至整个国民经济的重要生命线。由于缺乏对围填海活动的系统性评估,几十年来粗放式的大规模围填海已经严重降低了滨海湿地生态服务功能,有些生态服务功能已经消失或削弱。

由于围垦、筑坝等海岸带不合理开发活动,根据 2007 年相关研究成果,我国因围填海造成的海洋和海岸带生态服务功能损失达到每年 1888 亿元,约相当于同时期国家海洋生产总值的 6%。20 世纪 90 年代以来,我国滨海湿地正以每年 200 多平方千米的速度减少,目前黄海南部和东海沿岸湿地生态服务功能已下降 30%～90%。广东大亚湾沿海岸线由于围海造地、海水养殖、码头泊位等因素,造成约 80% 的海岸带完全改变了属性。由于盲目围垦,部分围垦区经济效益低下,如江苏省农业用围垦造地后土地的年纯收益仅为 796～1194 元/平方千米,而同一地区不改变海域属性的海域开发方式产生的年纯收益为 1200～4500 元/平方千米。另据研究,1980—2005 年厦门湾的围填海工程造成的近海生态系统服务损失超过 7.8 亿元。

3)生物资源减少,生物多样性丧失形势严峻

围填海工程占用了原有的生物生存空间,破坏了原有的生物种群,加剧了滨海生物的敏感性和脆弱性,使滨海湿地生态系统食物链被打破以及整体平衡失调,直接威胁到生物安全,使社会经济可持续发展的保障系统面临潜在风险。滨海湿地中的近岸水域是很多水生生物栖息、繁衍的重要场所,大规模的围填海工程改变了水文特征,影响了鱼类的洄游规律,破坏了鱼群的栖息环境、产卵场,很多鱼类生存的关键生境遭到破坏,渔业资源锐减。同时,对海岸带的开发会导致来自陆地的营养物质不能入海,从而影响滨海水域生态系统的食物链和渔业生产。

相关研究表明,黄渤海由于生境片段化及人工、复合岸线等新生境的出现,底栖动物的分布格局也发生较大变化,群落演替出现新趋势,优势物种表现出小型化趋势,而围

填海等人类涉海活动加剧了这一进程。同时,围填海对鱼卵、仔鱼的影响也不容忽视。围填海导致施工海域海水中悬浮物浓度增加,并在一定范围内形成高浓度扩散场。悬浮物会堵塞幼体鳃部,且大量悬浮物会造成水体严重缺氧,这些因素直接或间接伤害鱼卵、仔鱼,影响胚胎发育、降低孵化率,进一步影响到成体鱼类资源的补充。福建沿海闽东、闽中渔场由于盲目围垦,厦门白海豚、文昌鱼等渔业资源遭到破坏;舟山群岛近年来渔业资源急剧衰退,大面积的围填海是其原因之一;辽宁省庄河市蛤蜊岛附近海域生物资源丰富,但连岛大堤的修建彻底破坏了海岛生态系统,由此引发的淤积造成生物资源严重退化,中华蚬库不复存在。滨海湿地、红树林、河口、海湾等都是重要的生态系统,也是围填海活跃的地区,缺乏合理规划的大规模围填海活动致使这些重要的生态系统严重退化,生物多样性大大减少。海南省东北部沿海的东寨港,其东堤前沿原先覆盖的红树林,因为围填海而大部分被砍掉;广西壮族自治区进行围填海和滩涂开发而大量砍伐红树林,造成 2/3 的红树林已经消失,使许多生物失去栖息场所和繁殖地,海岸带也失去了重要的生态防护屏障。上海市崇明东滩湿地原有丰富的鸟类资源,但由于崇明东滩的几次围垦,使在此越冬的数千只小天鹅的栖息地遭到破坏。

4)降低水体交换能力,影响海湾水环境质量

围填海活动多采用海岸向海延伸、海湾截弯取直等进行围填,造成自然岸线缩减、海湾消失或面积减少等问题,引起水体交换能力削弱、环境容量降低,进一步加剧了湿地及近海环境污染。围填海对海洋水动力过程的影响主要表现为通过改变原始岸线、地形地貌和缩小海湾的面积,引发区域海潮汐系统和海湾水交换能力的变化。在海洋水动力系统稳定性较弱的小海湾,围填海的影响更为明显。另外,围垦用于种植和养殖的土地,大量使用化肥、农药及排放污染物,严重污染了滨海环境,赤潮多次发生,并有从局部海域向全部近岸海域扩展的趋势。填海工程会直接改变区域的潮流运动特性,引起泥沙冲淤和污染物迁移规律的变化,减小水环境容量和污染物扩散能力,并加快污染物在海底积聚,近海富营养化加剧,滨海生态灾害严重。

厦门市历史上的围填海工程使厦门海域的污染加剧,中华白海豚几近绝迹,文昌鱼场也被完全破坏,西港海域赤潮频发,造成了巨大的经济损失。浙江乐清湾自然条件优越,但是漩门围海促淤工程使蓄潮港域减少 $40 \ km^2$,纳潮量减少 10%,潮汐能力和水体交换能力被严重削弱,由于湾内的水体得不到及时交换,水质近年来逐年恶化,已经成为我国污染最为严重的 8 个近岸海域之一。珠三角早在近代就因围海造田有过沉痛的教训,从清朝中后期就出现对珠江三角洲滩涂进行围海垦殖,珠江口的潮流动力因海岸线的改变而降低,海水的自净能力下降。并且,珠江三角洲滨海湿地污染物排放总量在逐年增加,海水赤潮事件经常发生,给海洋渔业和海水养殖业带来严重危害。汕头港由于围海填海,港口越围越狭窄,纳潮量不够,已造成内河严重污染。

5)破坏滨海景观,制约旅游业发展

海洋旅游资源成为海洋资源中重要的组成部分,据统计,我国海岸带内共有滨海

旅游景点 1500 多处,滨海沙滩 100 多处,其中国务院公布的历史文化名城 16 座、全国重点文物保护单位 130 处、国家重点风景名胜区 25 处以及国家海洋自然保护区 15 处。围填海造地工程必然会占用大量的潮间带,改变岸线的自然滨海景观,降低整体景观价值。有学者研究围填海对渤海湾海岸带景观格局的影响发现,围填海工程对岸线、岸滩、水环境、海岛、近岸山体等自然环境要素造成破坏,景观破碎化程度增加,自然生态系统优势性逐渐降低,美观性、稳定性和安全性降低,进而对滨海旅游业产生负面影响,难以满足人们对于旅游品质的要求,制约了区域滨海旅游业的可持续发展。

2.3　围填海工程对社会的影响

1)改善海洋环境格局,增强抗击自然灾害能力

沿海许多地区都是海洋自然灾害的频发地,海岸经常会受到台风、海啸、海流的袭击、侵蚀和冲刷。而一些围填海工程和海岸带生态综合整治工程,可以改善局部地区的海洋环境格局,在一定程度上能够避免或缓解海蚀作用,对海岸带及海岸工程、浅海海域生态和沿海当地百姓的生命财产安全起到保护作用,有效地防御风暴潮的袭击。有学者研究围海造陆填土与地基处理技术对抗击灾害的影响,得出淤泥腔围填造陆技术体系对于台风具有抵抗能力,甚至可抵御海啸,从而在一定程度上缓解海洋灾害对人身和财产的伤害。

2)增强海滨安全性,提高海洋人才就业率

沿海地区往往人口密集,围填海造地后表面结构及建设的一系列配套设施,将有益于人口疏散,增强海滨风景区安全性。同时,随着渤海地区海洋开发的不断深入,围填海工程日渐增多,围填海对区域产业结构及产业的可持续发展的影响程度也在加大。从用海产业比重上看,随着海洋经济的发展,第一产业增加值比重将进一步下降,第二、第三产业增加值比重将进一步提高。从而有力地促进了临海新区建设及多种产业的发展,包括海洋渔业、海洋运输、海水利用、海洋工程装备业、海洋能源等领域,提供大量的岗位需求,可为地方带来一定的就业机会。

3)引发地基沉降,增加填海区设施风险

围填海是人类向海洋拓展生存和发展空间的一种重要的手段,但是在围填海地区会产生大面积软土地基沉降地质灾害,部分地区出现地面整体下沉的情况。深圳宝安填海区一些楼盘地面发生沉降,裂缝赫然蜿蜒在广场上和一些楼盘底部,这与围填海后滨海湿地地质特征改变密切相关。另外,大连东港填海区楼盘地面也出现大量裂痕,最长的裂缝长度达到 40 m,裂缝最深处达到 10 m,与围填海后导致的地基沉降有关。通常国外围填海造地需要经过 30 年的沉降才能够建民用建筑,但为了经济发展的时效性,国内很难等待如此长的时间,这将会对居民人身和财产安全产生严重影响。

4）降低海底冲淤能力，减少航行平稳度

围填海改变了水域面积和水动力条件，相应减少纳潮量及潮流的流速，造成潮流场变化，从而对海底冲淤造成影响，导致泥沙淤积、港湾萎缩、航道阻塞，对有航运价值的港湾带来致命影响。有学者采用 MIKE21 二维水动力模型模拟比较 3 套不同围填海方案对工程附近区域的冲淤影响，3 套方案都会在周边海域海底的不同方位产生明显冲刷和淤积影响。同时，莱州湾东岸近岸研究区的潮流、波浪和海底冲淤特征的模拟发现，填海工程的西侧以及北侧，月冲蚀量增大 0 ～ 4 mm，而龙口湾到填海工程之间的海域，波浪和潮流作用减弱，将会出现淤积。此外，围填海工程使得海岸线平直，导致了海浪变大、海水流动速度加快，使得小体积的船在航行时较难维持平稳。有学者研究发现，围填海不仅会导致局部极值流速减小，还会导致局部极值流速增加，在对莱州湾的研究中，受到填海工程的影响，西侧流速变大 5 ～ 20 cm/s，莱州湾填海工程招远部分与岸之间以及工程之间的水道，流速增大约 10 cm/s，极值流速变化将会对航行平稳度产生影响。

2.4　围填海工程的综合效应分析

国内有学者综合考虑围填海工程对经济、社会和生态环境 3 方面的影响，运用比率分析法、市场价值法、成果参照法等，对江苏省 4 个典型的围填海工程进行了综合效益评价。研究得出，江苏省围填海工程现有效益为 1.03×10^5 万 ～ 3.00×10^6 万元，121.3×10^6 ～ 2072.2×10^6 元／平方千米（不考虑生态服务价值损失费用）；如考虑造成的海洋生态服务功能价值损失，则江苏省围填海工程综合效益为 3.33×10^4 万 ～ 2.86×10^6 万元，26.3×10^6 ～ 1978.3×10^6 元／平方千米。围填海项目在缓解人地矛盾的同时，也给生态环境带来了严重的影响，总体弊大于利，主要是因为在围填海过程中并没有考虑到生态服务价值损失和生态环境损害。然而，为了经济发展和社会进步，也不能完全禁止围填海。海洋是地球上所有生命的摇篮，海洋既是生命的诞生地，又是生命存在和发展必不可少的条件，海洋为人类社会可持续发展提供了宝贵的空间和财富，围填海工程提供了获取宝贵海洋资源的一个重要途径。

根据各国围填海造地的研究，可以将围填海用途分为防灾减灾、农业、工业、城市化、景观生态需求 5 种类型。5 种类型用途变化反映国家总体经济社会水平，初期围填海主要用于防灾减灾和农业。随后进入中期，围填海主要用在工业和港口建设。但进入现代化建设阶段，围填海逐渐成为增加亲水空间和景观生态区的重要手段。现在发达国家已经越来越注重围填海的生态空间打造，并且更多地将滨海自然属性保留下来。如何减少对近岸海域生态系统的健康影响，协调好围填海工程和生态保护的关系是亟须解决的难题。有学者提出应该将生态化贯穿到当前的围填海工程规划、开发建设当中，首先，将生态文明建设理念融入围填海工程；其次，开展生态化围填海造陆技术研究；再次，围填海造陆形成后的生态化改造也不容忽视。此外，必须加强对围填海工程的管理与控制，通过合理规划、严格审批、加强监管、优化海洋产业布局结构等措施,建立和完善管理机制、补偿机制、修复机制,提高海洋资源利用效率,并加强对海洋生态系统的保护,坚持走围填海工程可持续发展的道路。

03 数据来源与研究方法

3.1 研究内容

　　该课题主要工作内容包括河北三个典型区域建设用海规划区(京唐港区、曹妃甸工业区和沧州渤海新区)海域使用状况以及社会经济、生态环境要素补充调查,生态环境影响、社会效益和经济效益评估,规划实施进展和集约节约用海评估,对策措施研究五方面。通过科学客观的数据分析回应公众对于河北省三个区域建设用海规划的综合效益的关注,对规划实施进展和综合效益做出客观评判,提出针对性的措施,为提高区域建设用海动态管理能力提供数据和对策建议支撑。

3.2 研究方法

　　对于区域建设用海规划产生的环境影响,主要采用前后对比的方法,基于收集的海洋环境历史资料和海洋环境现状补充调查,通过分析区域建设用海规划实施前后的海洋环境变化,分析区域建设用海规划产生的环境效应。对于区域建设用海规划的实施进度分析,主要是采用多年份的高分辨卫片解译和开发利用现状补充调查,获取河北省典型区域建设用海规划的实际实施进度。对于区域建设用海规划产生的社会和经济效应影响,主要采用有无对比的方法,基于收集的区域建设用海规划区的社会和经济历史资料,结合社会经济补充调查,分析区域建设用海规划实施后的实际社会和经济影响。

3.3 资料及数据收集

3.3.1 相关技术报告收集

　　收集了京唐港、曹妃甸和渤海新区三个区域建设用海规划的前期论证报告书、三个区域建设用海规划区内部分项目用海论证报告书、海洋环境质量监测资料、海籍调查图、河北省海洋功能区划(2010—2020)、河北省海洋环境保护规划、河北经济年鉴、唐山统计年鉴、沧州统计年鉴等资料,具体资料情况见表3-1。

表3-1　收集的资料名录

类别	资料名称
报告类	乐亭县临港产业聚集区(京唐港区)区域建设用海论证报告 河北省乐亭县临港产业聚集区(京唐港区)区域建设用海规划 沧州渤海新区近期工程区域建设用海总体规划论证报告 沧州渤海新区近期工程区域建设用海总体规划 曹妃甸工业区近期工程区域建设用海总体规划 曹妃甸工业区近期工程区域建设用海总体规划论证报告书 唐山市凯源实业有限公司镍铁合金生产及深加工一期项目海域使用论证报告 TC-2014-018号宗海海域使用论证报告 曹妃甸工业区TC-2015-003号宗海项目海域使用论证报告书 2014年河北省海洋环境监测—海洋工程建设—曹妃甸工业区监测与评价 河北省海籍变更调查报告(2011) 河北省海籍变更调查报告(2012) 河北省海籍调查报告(2012) 唐山市海洋环境质量公报(2011，2012，2013，2014) 河北省国民经济和社会发展统计公报(2008—2014) 唐山市国民经济和社会发展统计公报(2008—2014) 沧州市国民经济和社会发展统计公报(2008—2014) 河北省海洋环境状况公报(2009—2014) 2012年河北省海洋环境监测—海洋工程建设—曹妃甸工业区监测与评价 曹妃甸海域环境与生态调查评价报告
规划类	河北省海洋功能区划(2010—2020) 河北省海洋环境保护规划 唐山市海洋环境保护规划 河北省主要项目用海控制指标
书籍类	沧州统计年鉴(2014) 唐山统计年鉴(2014) 河北经济年鉴(2014) 中国港口年鉴(2000—2012)

3.3.2　用海界址和相控点测量

为验证京唐港、曹妃甸和渤海新区三个区域建设用海规划区内各落地企事业单位的实际用海情况,在上述规划用海区中现场随机选取了多个用海单位(均已经投入生产或即将投入运营),进行了用海界址的测量和校核工作。

此外,在对上述规划用海区用海单位界址点测量的过程中,实地测量了上述区域的相控点信息,为后期卫片校正和处理提供了依据,共测量相控点37个。

3.3.3　水深地形测量

课题组在2015年6月,分别在京唐港、曹妃甸和沧州渤海新区区域建设用海规划区周边海域,租用多艘渔船,使用中海达测深仪(HD-27),共布置了60个水深测量断面,测量断面覆盖了三个用海规划区的关键海域,如曹妃甸深槽、黄骅港挡沙堤、京唐港口门区域,实际测线总长约257 km(高程基准为1985高程)。

将2015年实测水深地形数据与三个用海规划区实施前的水深地形开展比较分析,并结合区域疏浚、海洋工程建设等其他资料,分析三个区域建设用海区实施后造成的实际冲淤环境影响。

3.3.4　潮汐潮流监测

2015 年 6 月 3 日至 6 月 4 日（大潮期），分别在京唐港、曹妃甸和渤海新区区域建设用海规划区周边海域设置了 3 个潮汐潮流悬沙同步测站，连续监测 25 小时。其中，潮流观测使用小阔龙海流计，悬沙观测采用水样过滤分析法。观测结果将为数值模型验证提供基础数据支撑。

3.3.5　水质生态监测与分析

2015 年 5 月 27 日至 6 月 5 日，分别在京唐港区、曹妃甸工业区和渤海新区开展了 1 航次的海洋环境质量监测，监测指标包括海水水质，海洋生物生态（叶绿素 a、浮游动物、浮游植物、鱼卵、仔鱼和底栖生物），海洋沉积物和海洋生物体质量。每个区域建设用海规划区设置 12 个水质测站、6 个海洋沉积物测站、12 个海洋生态测站。

根据河北省和各市发布的《海洋环境质量公报》，并根据搜集到的不同时期海洋环境质量调查结果对曹妃甸工业区、曹妃甸工业区和渤海新区海洋环境质量变化情况进行对比分析。

3.3.6　海洋沉积物监测

2015 年 7 月，分别在京唐港区、曹妃甸工业区和渤海新区开展了 3 个航次，共 71 个站位的海洋沉积物监测，用以监测底质粒径。

3.3.7　开发利用现状调查

为掌握京唐港、曹妃甸和渤海新区 3 个区域建设用海规划区的实际实施进展情况，开展了开发利用现状调查工作，获得规划区内产业分布、土地利用、企业建设情况和填海实施进度情况。

3.3.8　数值计算

建立渤海高分辨率三维潮汐潮流模型，在区域建设用海规划区进行网格加密，最高分辨率可达到 20 m，采用 8 个分潮驱动（M_2, S_2, K_1, O_1, N_2, K_2, P_1, Q_1）。通过分析区域建设用海规划实施后的区域潮汐结构变化、典型站位潮流变化、渤海湾纳潮量变化、海域半交换时间变化等，可得到 3 个区域建设用海规划区对区域潮汐结构、潮流流态和水交换率的累积影响，为海洋生态影响评估提供数据支撑。

3.3.9　社会经济调查与评估

为全面反映河北 3 个典型区域建设用海规划区实施以来对区域社会和经济的影响，课题组通过企业实地调研、信息统计部门调研、文献书籍查阅等方式，获取了 3 个区域建设用海规划区的大量社会经济资料。以此为基础，从区域产值产能、产业结构、港口吞吐量、区域经济贡献、劳动就业、生活设施、社会服务和防灾减灾能力等多个方面，分析了 3 个区域建设用海规划区的实施对区域社会和经济的实际影响。

3.3.10 卫片购置与解译

采用高分辨率的卫星遥感图片用以反映京唐港、曹妃甸和渤海新区区域建设用海规划的填海造地实施进度以及企业建设施工进度。购买了上述规划区 2012—2015 年的高分辨率为 5 m 的 Komos 卫片(每个区域建设规划用海区每年份各 2~3 景),以及 Landset TM 和 Landset 8 卫星 2008—2015 年的卫片(表 3-2)。卫片统一经过几何精校正及处理,实地进行了地物分类验证,kappa 系数 85% 以上,可以用以解译区域建设用海的实际填海造地实施进度。

表 3-2　卫星影像参数一览表

卫片覆盖区域	卫片分辨率	卫片成像时间
京唐港区	5 m	2015 年 3 月 6 日
		2013 年 1 月 8 日
曹妃甸工业区		2014 年 12 月 17 日
		2013 年 3 月 13 日
渤海新区		2015 年 3 月 1 日
		2015 年 2 月 14 日
		2013 年 3 月 3 日
渤海湾	15/30 m	2010 年 1 月 17 日
		2009 年 9 月 29 日
		2009 年 1 月 9 日
		2010 年 2 月 25 日
		2008 年 4 月 11 日

3.3.11 规划实施进度评估

根据京唐港区、曹妃甸工业区(近期工程)和渤海新区的现场踏勘情况以及海洋管理部门提供的所在区域项目用海情况,评估用海区的填海实施进度和项目用海实施进度,比较分析实际规划实施进度、产业布局等与原规划实施进度的差异性。

04 三个区域建设用海区简介

4.1 京唐港区

4.1.1 地理位置

乐亭县临港产业聚集区（京唐港区）位于乐亭新区内的唐山海港经济开发区京唐港内（图4-1）。

图 4-1 京唐港区地理位置示意图

4.1.2 规划范围

乐亭县临港产业聚集区（京唐港区）位于乐亭新区内的唐山海港经济开发区京唐港第四港池，地理坐标为 39°11′04.78″N～39°15′19.10″N，118°01′10.60″E～119°06′23.51″E。

4.1.3 批复时间和规划期限

2012 年，原国家海洋局批复了乐亭县临港产业聚集区（京唐港区）区域建设用海规划（图4-2），规划用海总面积 23.49 km²，其中填海造地面积 15.6 km²。

该规划时间在 2011—2015 年,共计 5 年。

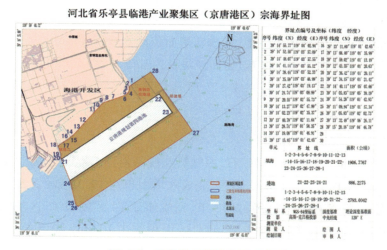

图 4-2　京唐港区用海范围示意图

4.1.4　分期规划用海情况

京唐港区规划用海情况共分 2 期实施,如图 4-3 所示。

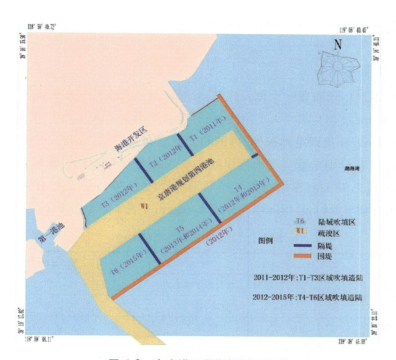

图 4-3　京唐港区分期规划示意图

1）2011—2012 年

（1）先行实施面积约 2.19 km^2,其中京唐港 3000 万吨煤炭泊位及堆场工程（填海二）

已经竣工验收,京唐港首钢码头有限公司矿石、原辅料及成品泊位工程码头堆场区和配套防波堤已经原国家海洋局批复,正在实施。

(2)建设6170 m长的四港池北围堰、2185 m长的隔堤,形成T1～T3区块吹填区,进行第四港池北侧和东北侧填海造地,完成吹填面积约6.09 km²。

(3)完成第四港池南岸人工岛东、南防波堤及内部隔堤建设。2011年,完成T1区块填海区,面积约1.29 km²;2012年,完成T2、T3区块填海区及第四港池南岸人工岛东、南防波堤及内部隔堤建设,面积约4.81 km²。

2)2012—2015年

依托京唐港首钢码头有限公司矿石、原辅料及成品泊位工程已建成的四港池南岛北堤,形成四港池南侧T4～T6区块吹填区,完成吹填面积约10.78 km²。2012年,完成部分T4区块填海区,面积约2.21 km²;2013年,完成部分T4区块和T5区块填海区,面积约2.67 km²;2014年,完成T5区块部分填海区,面积约3.10 km²;2015年,完成T6区块填海区,面积约2.80 km²。

4.1.5 功能定位

京唐港区(乐亭县临港产业聚集区)是以老京唐港区为依托,建设第四港池,使京唐港区建设成为建成综合性、一体化的现代工业港区,把本产业集聚区建设成为集聚效应好、经济规模大、带动能力强、主导产业优势明显、资源能源循环利用、可持续发展的现代工业港区。

4.1.6 平面布局

在规划用海区中部布置一个挖入式港池(第四港池),泥沙淤积影响小。规划用海区占用岸线6.95 km,规划共形成人工岸线总长度约28.44 km,其中第四港池周边布置港口岸线约14.94 km。在第四港池东侧、南侧和北侧分布布置港口岸线,可利用的港口岸线包括北侧自西向东分别布置煤炭泊位岸线3.02 km,通用散杂泊位岸线0.87 km,矿石、原辅料泊位岸线2.78 km;东侧布置工作船泊位岸线1.30 km;南侧布置岸线6.97 km,其中公共物流岸线5.94 km,国际邮轮岸线1.03 km(图4-4和表4-1)。

表4-1　京唐港区规划用海构成

项目		面积(km²)	所占比例(%)
公共设施	商贸、工业旅游和综合办公等	1.50	5.37
仓储	仓库、堆场	2.40	8.59
对外交通	铁路	0.56	2.01
	港口	11.10	39.74
市政公用设施	供水、供电、污水处理等	0.82	2.94
绿地	公共绿地	0.84	3.01
	防护绿地		

续表

项目		面积(km²)	所占比例(%)
道路	道路	1.85	6.62
水域	港池	8.86	31.72
总计		27.93	100.00

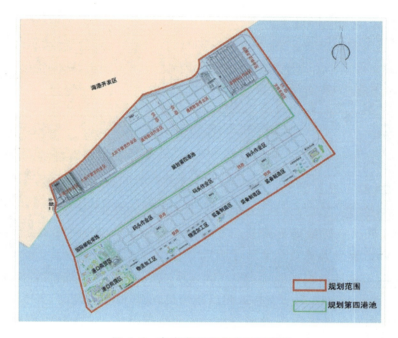

图 4-4　京唐港区产业布局示意图

4.2　曹妃甸工业区(近期工程)

4.2.1　地理位置

曹妃甸工业区(近期)位于曹妃甸工业区 1 号路(通岛路)以西海域。曹妃甸位于河北省唐山市南部沿海,为渤海湾北岸岸线转折处海域中的一条状沙坝,距大陆岸线 18 km,中心地理坐标为 38°55′N、118°30′E。

4.2.2　规划范围

曹妃甸工业区近期工程用海规划的范围为曹妃甸工业区 1 号公路以西到规划二港池东岸延伸至北环路之间的区域,南至曹妃甸甸头的码头区,位于 38°55′04″N～39°04′58″N, 118°25′00″E～118°33′36″E 范围内(图 4-5)。

4.2.3　批复时间和规划期限

2008 年原国家海洋局批复了曹妃甸循环经济示范区近期工程区域建设用海规划,

规划用海面积 129.67 km², 其中填海造地面积 102.97 km²。

曹妃甸工业区近期工程区域建设用海规划时间为 2008—2010 年, 规划年限为 3 年。

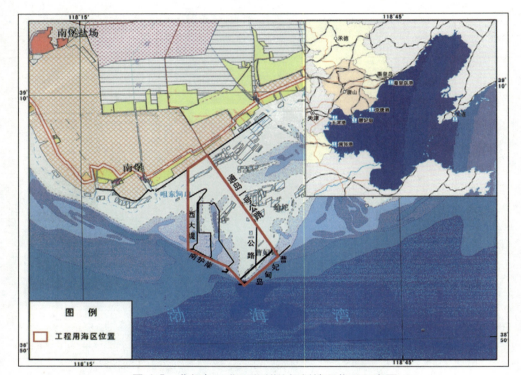

图 4-5　曹妃甸工业区(近期)规划地理位置示意图

4.2.4　分期规划用海情况

到 2007 年底, 曹妃甸工业区已经完成了填海造地的前期工作, 包括通路路基工程和各项基础设施和综合服务用地围填海造地地块的围堰工作: 2006 年主要完成了首钢协力区南片工业区(含华润电厂)的围填海造地和矿石码头一期工程; 2007 年完成了首钢协力区北片生活区、纳潮河两侧综合服务区、煤码头区、通用泊位码头区的围填海造地。

曹妃甸工业区近期工程建设用海规划进度如下:

(1) 2008 年, 完成了甸头码头区、综合服务区北侧的围填海造地;

(2) 2009 年, 完成了加工工业区的围填海造地;

(3) 2010 年, 完成了煤码头西侧预留化工码头的围填海造地。

4.2.5　功能定位

曹妃甸工业区的功能定位是能源、矿石等大宗货物的集疏港、新型工业化基地、商业性能源储备基地和国家级循环经济示范区。

1) 现代化的港口物流业

利用环渤海地区稀缺的深水资源, 建设大型的矿石码头、原油码头、煤码头等专业化码头,以及一批通用性较强的多用途码头、通用散货码头、通用件杂货码头;后方迁曹铁路、唐曹高速公路等一批集疏运网络。

2)现代化的钢铁基地

结合曹妃甸深水大港充分利用国内外两种资源和两个市场的优势,建设具有 21 世纪国际先进水平的大型精品钢铁基地。主要生产汽车板、桥梁板、造船板、硅钢板等高附加值板材。

3)大型炼化一体化基地

依托南堡大油田,建设石油储备和石化产业带。

4)重要的装备制造工业园区

重点发展新型装备和重型装备。依托曹妃甸深水岸线资源和精品钢铁基地,近期重点建设船板预处理中心和船用柴油机、推进器等关键零部件项目,中期建设船舶维修、适远期建设东港口机械、石油钻探等重型装备项目,逐步形成京津唐地区钢材与装备相互依存的临港重型机器设备制造基地。

5)循环经济示范区

建设精品钢材加工、三化一体化工、先进装备制造、海水冷却发电等四大循环经济型产业集群,打造“可再生固废—建材”“可燃废弃—电力”“可用副产—化工”三类循环配套产业链,形成资源优化、环境友好型的循环经济发展示范区。

4.2.6　平面布局

1)钢铁产业区

钢铁产业区分为首钢建设用地和首钢协力区两个区。

2)港区

港区分为甸头码头区、煤码头区和通用泊位码头区三个区。甸头码头区利用天然深槽形成大型深水码头岸线,设置干散货码头和大型原油码头,专供首钢进口原料及辅料使用和支持后方临港石化工业的发展;在钢铁产业区西侧形成港池,港池东侧岸线为通用泊位码头作业区,主要用于支持钢铁工业区和其他临港工业的发展,港池西侧岸线为煤码头作业区,分别安排专业化煤炭下水码头及其他专业化散货码头作业区,主要满足“北煤南运”和临港工业区其他大宗散货的运输需求。

3)综合服务区

综合服务区以建设工业、商业和办公用地为主,为曹妃甸工业区发展提供综合服务。

4)加工工业区

加工工业区主要为曹妃甸工业区近期工程的预留发展用地,结合曹妃甸工业区

2020年远景规划发展考虑，与近期工程用海规划范围以西的区域可形成加工工业区。

曹妃甸工业区近期工程区域建设用海规划采用组团式空间布局结构，由码头区、钢铁产业区、综合服务区、加工工业区四类功能区组成。其中，码头区由甸头码头区、通用泊位码头区和煤码头区三个位置相对独立区块组成；钢铁产业区包括首钢建设用地和首钢协力区两个连在一起的区块；综合服务区包括两个在纳潮河两岸的相对独立的区块；加工工业区为单独的一个区块（图4-6）。

图4-6　曹妃甸工业区（近期）产业布局示意图

曹妃甸工业区近期工程建设用海规划功能分区的用海面积详见表4-2。

表4-2　曹妃甸工业区近期工程建设用海规划功能分区和面积

序号	功能分区	用海面积（km²）	比例（%）
1	首钢建设用地	30.00	23.1
2	首钢协力区	10.85	8.4

序号	功能分区	用海面积（km²）	比例（%）
3	综合服务区	14.16	10.9
4	加工工业区	6.64	5.1
5	煤码头区	24.74	19.1
6	通用泊位码头区	7.84	6.1
7	甸头码头区	8.75	6.7
8	纳潮河、排洪渠	11.16	8.6
9	港池	15.54	12.0
	合计	129.68	100

4.3   渤海新区

4.3.1   地理位置

沧州渤海新区位于河北省与山东省交界处、沧州市区以东约 90 km 的渤海之滨，陆上距黄骅市区约 45 km，水上北距天津 111.12 km，东距龙口 275.95 km。汇集漳卫新河与宣惠河的大口河在此入海（图4-7）。其中心地理坐标为 38°20′01″N，117°45′27″E。

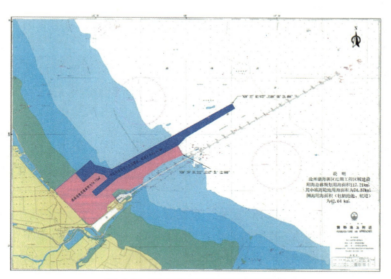

图 4-7   渤海新区地理位置示意图

4.3.2   规划范围

沧州渤海新区近期工程区域建设用海范围北至黄骅港综合港区通港二号路，西至海岸线，东至规划二航道潜堤堤头，南至煤炭仓储物流加工区及朔黄铁路，规划用海面积 117.21 km²，其中填海造地用海面积为 74.57 km²，围海用海面积（包括港池、航道）为

42.64 km^2。

4.3.3 批复时间和规划期限

2009 年原国家海洋局批复了沧州渤海新区近期工程区域建设用海规划,规划用海面积 117.21 km^2,其中填海造地面积 74.57 km^2。

以沧州渤海新区 2007 年底以前的建设情况为基础,沧州渤海新区近期工程区域建设用海规划时间为 2007—2012 年,规划年限为 5 年。

4.3.4 分期规划用海情况

规划区内已经确定的拟建项目填海造陆面积约 37.27 km^2,分期规划用海情况如下。

(1)2008—2011 年:中钢集团滨海基地,占地面积为 14.43 km^2,其中用海面积 2.82 km^2;中特集团北方基地,用海面积 4.00 km^2,预留用海面积 2.67 km^2。

(2)2009—2010 年:中铁装备制造材料有限公司,一期包括料场及生产生活辅助设施等占地面积 3.89 km^2,其中用海面积 1.95 km^2;二期用海面积 2.31 km^2。

(3)2009—2011 年:煤炭港区三期工程,用海面积 1.80 km^2;综合港区起步工程,包括码头、港池、内航道及后方陆域,其中填海造陆用海面积 1.66 km^2;集疏运通道规划用海面积 3.89 km^2。

(4)2009—2012 年:大型散货泊位,用海面积 21.81 km^2;综合港区港池、内航道及外航道(第二航道),用海面积 42.64 km^2;近期工业加工区发展用地,规划用海面积 9.05 km^2;综合服务区规划用海面积 1.90 km^2;综合物流园区规划用海面积 1.22 km^2;预留产业园区规划用海面积 1.29 km^2。

(5)从 2011 年到远期:2011 年后根据远期港口的需要,适时建设其他煤炭泊位,用海面积 3.22 km^2,建设其他综合性泊位,填海造陆用海面积 14.98 km^2。

4.3.5 功能定位

渤海新区的功能定位是规划推进综合性港口建设,形成煤、电、盐、石油、矿石五大基地,重点发展港口运输、港口物流、临港产业与现代服务业,创造生态宜居的滨海城市环境。

黄骅港是一个兼备水运、铁路、公路、管道等多种运输方式,集港口装卸及仓储、中转换装、临港工业、现代物流、通信信息、综合服务等功能为一体,由多个港口企业、多种临港产业有机结合的综合体,并将逐步发展成为设施先进、功能完善、运行高效、文明环保的现代化、多功能的综合性港口。

黄骅港为国家煤炭调运提供可靠的运输保障,确保国家能源运输安全;承接产业转移,带动沧州及冀中南地区经济发展,打造河北省南部地区重要的经济增长极;作为神黄铁路沿线、鲁西北地区内引外联的窗口,发挥港口对内辐射、对外开放的作用,提供原材料、产成品和对外交流物资的运输服务,促进地区经济发展和对外开放;以港口为基础平台建立物流中心,开展现代物流及商贸、金融、信息等相关服务,为周边地区及腹地服务。

　　随着黄骅港煤炭港区的发展和综合港区起步工程的实施,带动了以钢铁生产、装备制造业及钢材深加工为主的钢铁生产加工区和产业园区的建设。钢铁生产加工区充分利用国外资源和沿海地区大面积的滩涂,减轻内陆地区特别是中心城市的环境压力,发展、壮大我国钢铁企业的实力,为国内市场提供优质的炼铁炉料及铁矿粉;发展装备制造和钢材深加工,以满足通信、交通、机械等行业对高性能钢材的需求。

　　钢铁生产加工区的建设,适应了河北省钢铁产能向沿海转移的钢铁工业发展目标,实现钢铁生产力布局的战略性调整。有利于钢铁原材料与钢铁产品的流通,降低生产成本,提高企业经营效益;推进钢铁产业由粗加工向精加工转变,由低端产品向高端产品转变,由内地布局向沿海布局转变,由分散发展向集中发展转变,以提高钢铁企业的综合竞争力和市场影响力。

4.3.6　平面布局

　　根据《黄骅港总体规划》(2008),结合渤海新区近期工程区域建设计划、开发步骤和用地条件等因素,沧州渤海新区近期工程规划用海的区域有港口生产运输区(简称为港区)、钢铁生产加工区、产业园区、综合服务区、综合物流园区、预留产业园区六大功能区(图4-8)。

图4-8　渤海新区产业布局图

　　沧州渤海新区近期工程区域建设用海总体规划方案:以港前路为界,港前路以东为港口建设用海区域,其中码头及后方作业区、物流园区为填海造地用海,港池、航道为围海用海;港前路以西为各功能区及配套服务区建设用海区域,均为填海造地用海。

1)港口生产运输区

港口生产运输区分为煤炭港区、综合港区和散货港区。煤炭港区主要是保障国家能源的运输,以煤炭外运二通道装船港为主的港区;综合港区主要承担腹地综合物资中转运输的港口生产作业区,具有临港工业服务和物流服务功能;散货港区主要承担腹地未来外贸进口矿石、原油的运输需求,具有大宗散货堆存、分拨、配送等功能。

2)钢铁生产加工区

钢铁生产加工区包括中钢集团滨海基地建设用地、中铁装备制造建设用地和中特集团中信泰富北方基地建设用地三个钢铁生产加工区。

3)产业园区

产业园区为渤海新区近期的加工业、装备制造业、机械加工等组成的产业集聚区发展用地。

4)综合服务区

综合服务区为港口及临港产业发展提供配套服务的区域,包括生产生活辅助如电力站、加油站、办公等用房区域。该区结合港口建设同步启动,根据港口建设进度逐步拓展、完善服务功能。

5)综合物流园区

综合物流园区为河北渤海投资有限公司国际物流中心工程和渤海新区农业生产资料贸易城发展用地。

6)预留产业园区

预留产业园区为产业园区的预留发展用地。

7)基础设施

基础设施主要为沧州渤海新区近期工程区域内建设配套的基础设施,包括集疏运通道和市政公用设施。

沧州渤海新区近期工程区域规划各功能分区用海面积见表4-3。

表 4-3　沧州渤海新区规划各功能分区用海面积

序号	功能分区	用海面积(km²)	所占比例(%)
1	港口生产运输区	86.11	73.47
1.1	煤炭港区	5.02	4.28
1.2	综合港区	16.64	14.20
1.3	散货港区	21.81	18.61

续表

序号	功能分区	用海面积（km²）	所占比例（%）
1.4	综合港区和散货港区水域	42.64	36.38
	其中，水域	39.14	33.39
	防波堤	3.50	2.99
2	钢铁生产加工区	13.75	11.73
2.1	中钢集团	2.82	2.41
2.2	中铁装备制造	4.26	3.63
	其中，一期	1.95	1.66
	二期	2.31	1.97
2.3	中特集团	6.67	5.69
	其中，装备制造	4.00	3.41
	预留	2.67	2.28
3	产业园区	9.05	7.72
4	综合服务区	1.90	1.62
5	综合物流园区	1.22	1.04
6	预留产业园区	1.29	1.10
7	集疏运通道	3.89	3.32
	合计	117.21	100.00

曹妃甸工业区（近期）工程围填海效应综合评估

5.1 自然地理概况

5.1.1 气象

根据曹妃甸工业区周边的大清河盐场、唐海气象站和南堡气象站的实测资料（1983—2005年），该地区气候条件如下。

1）气温

本区域年平均气温11.4℃，历年一般气温10.2℃～11.8℃，最高气温36.3℃，最低气温-20.9℃，3～4月气温仍很低，进入5月份，气温回升较为明显。

2）降水

该地区年平均降水量为554.9 mm，降水多集中在7～8月，约占全年降水量的56.6%，由于本地区受暖温带亚湿润季风的影响，6～8月降水量约占全年降水总量的70%，而冬季降水量很少，冬春两季（12月至翌年4月）的降水量仅占全年降水总量的3.5%左右。年最大降水量为934.4 mm，年最小降水量为334.5 mm，最大日降水量为186.9 mm。日降水量≥25.0 mm的年平均降水日数为5.8天。日降水量≥50.0 mm的年平均降水日数为2.0天。

3）雾况

该地区的雾以锋面雾和平流雾为主，蒸发雾相对较少，雾日大多发生在冬季，一般在凌晨起雾，持续数小时，最长可延续至下午。能见度小于1 km的大雾平均每年出现天数为9天。大雾多出现于每年的11月至翌年的2月。

4）风况

据1983—2005年大清河盐场气象站的风资料统计分析，该地区冬季受寒潮影响盛行偏北风，夏季受太平洋副热带高压影响，多为偏南风。强风向为东、东东北和东东南向，年风速在6 m/s以上。常风向为南向，其出现频率为14.28%，次常风向为东向和南东南向,出现频率分别为 8.39% 和 7.94%。

根据大清河盐场气象站 21 年 ≥6 级大风资料统计,本区 6 级及 6 级以上连续作用 4 小时以上的大风主要来自东北向至东向,平均每年出现 5.9 次,出现频率达到 73.7%, 东东南向至南向平均每年出现 2.0 次,出现频率为 25.8%。从曹妃甸海岸线走向分析, 对岸滩掀沙和港口影响的大风主要为东向至南向,平均每年出现 3.6 次。从京唐港海岸 线走向分析,对岸滩掀沙和港口影响的大风主要为东北向至南向,平均每年出现 7.9 次。 从大风出现的次数分析,大风对曹妃甸港的影响要小于京唐港。

5.1.2 海洋水文

1)潮汐特征

曹妃甸海域位于渤海湾湾口北侧,主要受渤海潮波系统控制。该海域的潮汐性质属 于不规则半日潮,即一天发生两次高潮和两次低潮,相邻两潮潮高不等,特别是小潮潮位 过程比较复杂,接近全日潮,存在明显潮差不等现象。

据实测资料统计,甸头海域的潮位特征值(85 国家高程)如下:最高潮位为 2.19 m, 最低潮位为 -2.10 m;平均高潮位为 0.81 m,平均低潮位为 -0.73 m,平均潮差为 1.54 m, 平均潮差由东向西逐渐增大。

2)潮流特征

收集了 1996 年 10 月、2005 年 3 月、2006 年 3 月和 7 月曹妃甸附近海域四次同步 的水文、泥沙全潮测验,曹妃甸海域潮流具有以下特点。

(1)曹妃甸海域潮波呈驻波特点,即中潮位时流速最大,高、低潮位时流速最小。

(2)曹妃甸海域潮流呈往复流形式,涨潮西流,落潮东流。由于曹妃甸以矶头(岬角) 形式向南伸入渤海湾,受地形影响,各测站主流向也不相同,但规律性明显:在曹妃甸头 和距离浅滩较远海域,潮流基本呈东西向的往复流运动;在近岸浅滩海区,由于受地形变 化影响和滩面的阻水作用,主流流向有顺岸或沿等深线方向流动的趋势。所以曹妃甸海 域潮流基本属往复流,但也明显存在逆时针旋转流特性。

(3)曹妃甸海域涨潮流速大于落潮流速。据实测资料可知,该海域大潮涨潮一般流 速为 0.40～0.60 m/s,落潮为 0.35～0.50 m/s;小潮涨潮一般流速为 0.25～0.40 m/s, 落潮为 0.25～035 m/s。

(4)在海流流速平面分布上,流速具有甸头附近、岬角深槽和潮沟处流速较大,岸滩 附近与外海流速稍弱的分布规律。由于甸头的岬角效应,甸头深槽为海流流速最强地区, 这也是深槽水深能够维持的主要动力因素。2006 年 3 月,实测涨潮最大流速 1.24 m/s, 落潮最大 0.94 m/s。此外,在曹妃甸东侧潮沟汇流处的落潮归槽水流也较强。在甸头东 侧附近,可能由于岬角掩护作用,是曹妃甸海域流速最小的区域。

(5)涨潮时,水体基本呈自东向西运动,随着潮位的升高涨潮水体首先充填曹妃甸 浅滩东侧的众多潮沟,随后曹妃甸北侧浅滩部分淹没,与此同时潮流绕过甸头进入西侧潮沟。落潮时,水体基本呈自西向东运动,随着潮位的降低,浅滩高处露出,接岸大堤两侧滩面上的水体逐渐汇入深槽水域,其中甸头西侧的归槽水流与外海深槽的落潮水流汇合,并绕过甸头与东侧潮沟落潮水流相汇合。大潮时曹妃甸头附近深槽和老龙沟汇流处流速明显较强,小潮时平面流速差异变化不太明显。

(6)由多次大范围全潮测验资料可以看出,虽然潮流流速变化总体上呈现潮差大流速大、潮差小流速小的趋势,但两者相关关系不密切,说明曹妃甸地区惯性流动力作用不容忽略。

(7)由涨、落潮流历时统计结果可知,大潮期间,甸头以西海域平均落潮流历时大于涨潮流历时,甸头以东海域则平均涨潮流历时大于落潮流历时;小潮期间,本海区平均落潮流历时普遍大于涨潮流历时。据各站位单宽潮量的计算结果分析,大潮期间,除甸头东侧潮沟内落潮量大于涨潮量之外,其他各站均为涨潮量大于落潮量;小潮期间,整个海域普遍表现为落潮量略大于涨潮量。

3)波浪特征

曹妃甸地区近期无周年波浪观测资料。1996—1997年在曹妃甸甸头南侧水域水深26 m处进行了为期一年的波浪观测,1999年3~12月又进行了为期近一年的波浪补充观测。

根据上述实测资料统计,曹妃甸水域常浪向为南向,出现频率为10.87%,次常浪向为西南向,出现频率为7.48%。强浪向为东东北向,$H_4\%\geqslant 1.3$ m出现频率为2.28%,次强浪向为东向,$H_4\%\geqslant 1.3$ m出现频率占1.34%。整个观测期间波浪$H_4\%\geqslant 1.3$ m出现频率占11.11%,$H_4\%$波高0.1~1.2 m出现频率为88.90%。波浪平均周期<7.0 s。

根据大沽灯塔站(该站地理坐标38°56′N、117°59′E,水深 −9 m,该测站距离曹妃甸海域仅42 km,并且该海域风浪不受海域附近水深地形影响,同时四周没有遮挡)1983年5月至1984年5月一年的实测波浪资料显示,该海区以风浪为主,涌浪为辅。其中风浪出现频率为68.4%,涌浪出现频率为31.6%。

本海区波浪以风浪为主,由于风场的季节性变化导致波向的季节性变化:春季强浪向主要来自东向和东东北向,常浪向为东东南向至东向;夏季强浪向主要来自北东北向至东向,常浪向为东东南向至南东南向;秋季强浪向主要来自东北,其次是东东北向,常浪向为西北向和南向;冬季波浪最大,而且强浪向与常浪向一致,均为北西北向至西北向。

5.1.3 地形地貌

曹妃甸地区为滦河扇形三角洲的前缘沙坝,形成于全新世中期(距今8000~3000 a);后经波浪冲刷作用及沉积物压实作用,逐渐发育有离岸沙坝,贝壳沙堤、潟湖、潮流通道。滨外坝低潮出露,高潮淹没,构成沙坝−潟湖体系。海岸线平缓,具有双重岸线特征,其中内侧大陆岸线为沿滦河古三角洲前沿发育的冲积海积平原,沿岸多盐田,潮滩发育。潟湖一般水深 1～2 m，最大水深 6 m，低潮时潟湖大部分出露，成为潮滩。本区海底地貌类型较复杂，主要有水下三角洲、水下古河道、潮流脊、冲刷槽等。在曹妃甸外侧是古滦河冲积扇的前缘，为 4% 坡度的陡坎，最大水深可达 40 m；其内侧为淹没的古滦河冲积扇体，上部覆盖海相沉积，水深很小；曹妃甸以南和西南侧水域宽广，水深在 25 m 以上；在潮滩上及左右侧分布有侵蚀凹地和浅凹坑。从曹妃甸至石臼坨西侧为古滦河口，其水下古河道在潮流冲刷作用下，形成潮流侵蚀槽，其平均宽度为 1.5 km，长度 17 km，最深处水深达 22 m，成为潮流进入内侧沉积区的主要通道。

曹妃甸滩地地形破碎复杂，滩上 0 m 等深线面积达 175 km²，如同半陷半现的小岛，大潮时淹没，小潮时大片浅滩出露；岸外分布有曹妃腰坨、草木坨、蛤坨、东坑坨和石臼坨等若干沙坝和沙岛，构成了沿岸沙堤，距岸数百米至十余千米，呈带状分布，并与其内侧水域构成沙坝 – 潟湖体系。依据沿岸沙堤内外的水动力条件、地形、地貌特征的不同，可分为以下四个地貌区。

1）西部无沿岸沙堤浅海区

位于曹妃甸以西、南堡岸线以外的潮间带及浅海地区，是由宽度达 3～4 km 的高潮坪和窄的低潮坪构成。有数条近南北向的小潮沟发育于高潮坪，穿越低潮坪，直达浅海区在水面以下 −4 m，沙脊高 2～3 m，宽 400～1000 m，长度可达 20 km。该沙脊与潮滩之间是一大型潮沟，西西北向延伸，长度 25 km 以上，宽度 1.5～3.5 km，深度可达 −14 m。

2）东部沿岸沙堤内潮滩区

曹妃甸以东，以曹妃甸至石臼坨一线构成的沿岸沙堤为界，向岸一侧的浅滩为沿岸沙堤内潮滩区，也由高潮坪和低潮坪组成。高潮坪宽 1.5～2.5 km。低潮坪宽度更大，位于沿岸沙堤之后，由数个涨潮三角洲形成，最大的一个涨潮三角洲面积约 90 km²。低潮坪水深 2.0～1.0 m。

3）东部沿岸沙堤外浅海区

曹妃甸以东，沿岸沙堤以外构成沿岸沙堤外浅海区。以 −5 m 等深线为界，可划分出近岸浅海区和近海浅海区。近岸浅海区为一个三角形地带，深度在 −4 m 左右，海底相对平坦。近海浅海区，坡度变化较大，在水深 −5～−11 m 等深线间，坡度较陡，形成海底陡坎。

4）东部大型潮沟区

曹妃甸东北 15～20 km 处，有两条大型潮沟，当地渔民分别称为大沟和二沟。大沟由蛤坨北的潟湖发源后，拐为近南北向延伸入海，长达 17 km，宽 1～1.5 km，深达 20 m。二沟为一条近东西向的潮沟，长约 10 km，宽约 900 m，最大水深 14 m。

5.1.4　泥沙

1）泥沙来源

据调查和考证证实曹妃甸浅滩海域是古滦河三角洲的组成部分。自全新世以来，滦河以滦县为顶点，北至昌黎、南至曹妃甸的扇形三角洲，呈南北摆动。该范围海岸的发育与滦河来沙状况密切相关。据 1929—1985 年资料统计：1929—1970 年滦河年平均入海沙量达 2670 万吨，1971—1980 年年平均入海沙量为 963 万吨，1981—1985 年年平均入海沙量为 124 万吨。由于 20 世纪 70 年代滦河上游修建水库，使其下泄沙量呈现明显减少的趋势。滦河入海泥沙的粗颗粒，总体表现为自东北向西南的沿岸运动。当入海沙量充沛时，在滦河口到大清河口近岸水域形成一系列高出海面的沙坝链，当 20 世纪 70 年代后入海沙量减少时，沿岸沙坝不断冲蚀，使得原滦河泥沙向西南运移供沙转化为相对微弱的沙坝冲刷供沙。曹妃甸海域岸线及残余沙岛的出现也反映出流域来沙量剧减、供沙量不足的特点。由于人为活动的影响，例如河道取水使供沙量减少，沿海岸线人工岛堤的兴建（京唐港区）以及海岸侵蚀供给的沙源越来越少，将进一步减少曹妃甸浅滩海域的沙源供给，从而使其滩面受到侵蚀和老沉积相沙岛的出现。

2）泥沙运动特点

（1）曹妃甸东南岸以波浪作用为主，泥沙横向运动明显，水下沙堤发育。曹妃甸海滩具有上冲下淤、外冲内淤、北冲南淤的特点，是其多年来虽冲刷降低明显，却难以消失的原因之一，但高潮线以下部分冲淤相对平衡。

（2）从曹妃甸一带沙岛地貌特征、物质组成、粒级、磨圆度与滦河三角洲沿岸诸沙坝相比，滦河口至曹妃甸沙坝高度逐渐降低，受冲增强，成为残余沙岛，向西沙坝消失，白马岗以沙脊的形式伏于水下；沙坝及海滩组成由石英长石质中细砂变为细砂，磨圆度增高，分选性更好；水下岸坡细砂的分布从滦河口向西南至曹妃甸折向北西呈一舌状沿着低潮线延伸至南堡到北堡一带。可见滦河细砂及滦河以南海岸冲刷物质最远可影响到曹妃甸附近。由于滦河北移，尤其是打网岗转折点的影响，打网岗以西底沙明显减少，泥沙供应不足，使曹妃甸长期受冲而成为沙岛。

（3）曹妃甸位于滦河来的纵向泥沙流（指底沙）的终点附近，潮流冲刷作用较强，故东、西侧深槽比较稳定，近年来滦河泥沙减少对深槽的维持更为有利。

（4）曹妃甸海域在大潮条件下，涨急和落急时段部分床沙发生悬扬，在高、低潮位憩流阶段又沉降到床面，在中小潮条件下，床面泥沙处于相对稳定状态。

（5）曹妃甸位于黄骅坳陷东北端与沙垒田隆起的交界带附近，深槽与沙岛的存在可能也与构造条件有关。

3）曹妃甸港区水沙运动主要特征

（1）潮流运动分析表明，曹妃甸工程海域潮差相对较小（平均潮差 1.54 m），但独特的甸头岬角效应，形成甸头深槽为水流最强区，是维持深槽水深的主要动力，从而构成曹妃甸港区的优良水深资源。

（2）波浪分析表明，$H_{1/10} > 1.8$ m 的中浪和大浪，波能占 34%，说明该区波浪对岸滩演变起到重要作用。进一步分析表明，曹妃甸海区波浪对泥沙的作用主要反映在横向输沙的沙坝塑造作用和对潮滩滩面的掀沙侵蚀作用。横向输沙所造成的沿岸输沙量则属轻量级。

（3）曹妃甸港区悬移质含沙量分析表明，风浪对含沙量影响明显，潮流影响较弱。近年来平均含沙量呈总体减少趋势，与来沙量减少有关。甸西含沙量大于甸东，天津港的抛泥影响不容忽视。进一步的含沙量规律还有待专项水文测验探明。

（4）来沙分析表明，本海域目前以陆域来沙为主，海域来沙为辅。滦河来沙曾是该海岸地貌发育形成的基本条件，由于历史时期的滦河改道和近 30 多年滦河上游建水库，入海泥沙锐减，泥沙供给不足，造成沿岸沙坝和潮滩滩面的轻微冲刷。此外，人类活动影响造成的供沙变化也不容忽视。

4）工程地质条件

曹妃甸及附近在大地构造上位于黄骅坳陷东北端与埕宁隆起的交接地段。曹妃甸地处滦河冲积扇的前部。新生代以来，在古老的基底岩石上部堆积了巨厚的松散层，主要是晚更新世（Q3）及全新世（Q4）海相、陆相及海陆交互层，多为粉细砂及部分的黏性土层。其下是基底岩石，有震旦系以来至侏罗系地层。

根据本区的工程地质勘查资料，本区地层主要由粉细砂及黏性土组成，上部砂类土为松散、稍密状态，其下为中密粉细砂、粉土、粉质黏土层及密实的粉细砂层。各类土的水平和垂直分布比较稳定，层次明显，结构简单。现将曹妃甸港区的地层分区叙述如下。

（1）曹妃甸甸头区。

曹妃甸甸头区指曹妃甸沙岛甸头两侧 -5 ～ -25 m 水域范围。根据 1996—1997 年的 12 个钻孔资料，并参考 2004 年 25 万吨级矿石码头的 8 个钻孔资料，从海底至 -82.6 m 范围地层自上而下为：

① 淤泥质粉质黏土：灰色，流塑至软塑，厚 1.3 ～ 6 m，仅见于甸头东侧 -23 ～ -24 m 海域表层，底部有淤泥层。

② 粉细砂：灰色、灰褐色，局部夹黏性土薄层，颗粒均匀，含贝壳屑，上部松散、稍密，中下部中密状，广布于海域表层，厚 8 ～ 20 m，自岸向海变薄，层底高程为 -25 ～ -34 m。

③ 粉质黏土和淤泥质粉质黏土：灰色、褐灰色，夹粉砂斑或粉细砂薄层，土质不均，软塑，分布稳定，厚 8 ～ 15 m，层底高程 -37 ～ -43 m。

④ 粉质黏土：灰黄、灰褐色，可塑，下部可塑至硬塑，分布普遍，总厚度 15 ～ 22 m，层底高程 -53 ～ -60 m。

⑤ 粉细砂：灰色、灰褐色，密实状，含少量贝壳屑，分布稳定，所有钻孔均有揭示，总厚度 5 ～ 13 m，层底高程 -64 ～ -66 m。

⑥ 粉质黏土：灰褐色、褐色，硬塑，含少许贝壳屑和粉细砂，总厚度 3 ～ 10 m，层底高

程 $-68 \sim -74\,\mathrm{m}$。

⑦ 粉质黏土：灰色、灰褐色，硬塑、坚硬状，夹粉细砂薄层，含少许贝壳屑，钻孔钻至标高 $-82.6\,\mathrm{m}$，可见厚度 $8\,\mathrm{m}$，未穿透该层。

（2）曹妃甸东翼。根据在老龙沟两侧布置的 9 个钻孔资料，勘查区域地层自上而下为：

① 粉土：灰褐色、灰色，稍密状，局部混多量碎贝壳，夹较多黏性土薄层。层底标高为 $-2.14 \sim -9.09\,\mathrm{m}$，厚度 $0.60 \sim 7.0\,\mathrm{m}$，平均标惯击数 $N = 4.4$ 击。

② 粉细砂：灰褐色、灰色，松散、稍密状，局部中密状，局部混碎贝壳，夹黏性土薄层，局部表层有少量淤泥质粉质黏土、淤泥混砂分布。层底标高为 $-1.69 \sim -9.81\,\mathrm{m}$，厚度 $1.3 \sim 4.0\,\mathrm{m}$，平均标惯击数 $N = 4.9$ 击。

③ 粉质黏土：褐灰色、灰色，软塑状为主，局部夹粉土、粉砂、淤泥质粉质黏土透镜体。该层分布连续，全区均可见。层底标高为 $-11.29 \sim -17.41\,\mathrm{m}$，厚度 $1.6 \sim 8.8\,\mathrm{m}$，平均标惯击数 $N = 2.4$ 击。

④ 粉细砂：灰褐色，中密、密实状，颗粒均匀。层底标高为 $-15.19 \sim -28.01\,\mathrm{m}$，厚度 $1.6 \sim 10.3\,\mathrm{m}$，平均标惯击数 $N = 38.3$ 击。

⑤ 粉质黏土：灰色，可塑状，夹较多粉砂、粉土薄层，局部夹粉砂、粉土透镜体。层底标高为 $-21.69 \sim -32.39\,\mathrm{m}$，平均标惯击数 $N = 6.7$ 击。

⑥ 粉质黏土：灰黄色、褐色、黄褐色，硬塑状，夹砂斑及粉土薄层。层底标高为 $-25.67 \sim -35.81\,\mathrm{m}$，平均标惯击数 $N = 15.5$ 击。

⑦ 粉细砂：灰黄色、黄褐色，密实状，局部夹粉质黏土薄层。层底标高为 $-29.07 \sim -37.12\,\mathrm{m}$，厚度 $1.3 \sim 8.7\,\mathrm{m}$，平均标惯击数 $N = 48.2$ 击。

⑧ 粉质黏土：灰色，硬塑状，局部夹较多粉砂薄层。层底标高为 $-36.11 \sim -44.07\,\mathrm{m}$，平均标惯击数 $N = 12.6$ 击。

⑨ 粉质黏土：灰色，硬塑状，夹较多粉砂薄层。4 号控制性钻孔钻至标高 $-60.84\,\mathrm{m}$，未穿透该层，平均标惯击数 $N = 15$ 击。

（3）曹妃甸西翼。根据在曹妃甸西翼布置的 4 个钻孔资料，勘查区域地层自上而下为：

① 淤泥、淤泥质粉质黏土：淤泥，灰色，流塑状，土质均匀。淤泥质粉质黏土，灰色，软塑状，夹较多粉砂团及贝壳。层底标高为 $-14.71 \sim -16.13\,\mathrm{m}$，层厚 $1 \sim 5\,\mathrm{m}$，平均标惯击数 $N < 1$ 击。

② 粉细砂：灰褐色、灰色，松散、稍密状，局部中密状，局部混碎贝壳，夹黏性土薄层，局部表层有少量淤泥质粉质黏土、淤泥混砂分布。层底标高为 $-11.64 \sim -13.13\,\mathrm{m}$，厚度 $11.5\,\mathrm{m}$ 左右，平均标惯击数 $N = 21.3$ 击。

③ 粉质黏土：褐灰色、灰色，软塑状为主，局部夹粉土、粉砂、淤泥质粉质黏土透镜体。该层分布连续，全区均可见。层底标高为 $-15.03 \sim -20.13\,\mathrm{m}$，厚度 $0.6 \sim 5.2\,\mathrm{m}$，

平均标惯击数 $N = 1.8$ 击。

④ 粉细砂：灰褐色，中密、密实状，颗粒均匀。层底标高为 -17.94 ～ -19.43 m，厚度 1.1 ～ 4.4 m，平均标惯击数 $N = 28.3$ 击。

⑤ 粉质黏土：灰色，可塑状，夹较多粉砂、粉土薄层，局部夹粉砂、粉土透镜体。仅 10 号钻孔钻至层底标高在 -27.93 m，平均标惯击数 $N = 10.3$ 击。

⑥ 粉质黏土：灰黄色、褐色、黄褐色，硬塑状，局部夹粉土、粉砂、淤泥质粉质黏土透镜体。该层分布连续，全区均可见。顶、底标高为 -27.93 ～ -30.43 m，平均标惯击数 $N = 15.0$ 击。

⑦ 粉细砂：灰黄色、黄褐色，密实状，局部夹粉质黏土薄层。顶、底标高为 -31.43 ～ -41.43 m，平均标惯击数 $N = 49.1$ 击。

⑧ 粉质黏土：灰色，硬塑状，局部夹较多粉砂薄层，偶见碎贝壳。本层勘查未穿透该层。

勘查区内泥面至层底标高 -15 m 以上的淤泥质粉质黏土呈软塑状，粉土呈可塑状，粉细砂呈松散状，工程地质性质相对较差。

勘查区内标高 -15 m 以下的粉质黏土呈硬塑状，粉细砂呈密实状，工程地质性质相均较好。

标高 -30 m 以下的粉细砂层位稳定，层厚 3 ～ 8 m，平均标惯击数 $N = 48.6$ 击；为工程地质良好的天然地基土，可作为良好的桩基持力层。

场地在 20 m 深度内粉土、粉细砂皆为水下饱和土。根据《建筑物抗震设计规范》（GB 50011-2001）判定：① 粉细砂，层底标高以 -15 m 以上的粉细砂层，平均标惯击数 $N = 11$ 击左右，液化点由上至下逐渐减少，综合评价，应按液化对待。其下部的中密的粉细砂为非液化土层。② 粉土，平均标惯击数 $N = 23$ 击，黏粒含量 PC 大于 10%，为非液化土层。

5.1.5　自然灾害

1）寒潮

寒潮常发生在 11 月至翌年 3 月份，主要由从西伯利亚经蒙古侵入河北省以及从贝加尔湖以东移至我国东北平原再经渤海侵入的偏东北路径。年平均两次，最多年份达 6 次。在寒潮影响下，引起气温激烈下降，并常伴有大风。在这种天气条件下容易导致海岸侵蚀和较强的沿岸输沙。

2）海冰

受西伯利亚南下空气的影响，每年冬季渤海及黄海北部都会有不同程度的结冰现象出现。渤海结冰范围由浅滩向深海发展，在环境因素的作用下，流冰在海中漂流移动，造成渤海海冰的再分布。总的来看，渤海的冰情北部比南部较重，西部比东部的轻。根据渤海、黄海北部海冰区划图，曹妃甸工程海区属于第 13 区，即渤海湾浮冰区，处于 5 级冰情的分布范围内。

曹妃甸海域滩面开阔,北部浅滩水深浅,水流速度小,易受寒潮影响结冰,初冰日较早,一般在 12 月中下旬,严重冰日在 1 月中旬,融冰日在 2 月中旬,终冰日在 3 月初。从初冰日至终冰日为流冰历时,一般年为 71 天,轻冰年为 54 天,重冰年为 85 天。

初冰日至严重冰日为初冰期,具有显著不稳定性,时而融化、时而发展,冰质较松脆,冰层薄,在风浪的作用下易破碎,因此曹妃甸海区的初冰期海冰对围堤工程不构成威胁。

严重冰日至融冰日称盛冰期,历时一个月,是一年中冰情最严重的时期。一般年份,曹妃甸海区在盛冰期浅滩的固定冰宽度为 3 ~ 5 km,流冰厚度一般为 10 ~ 20 cm,重叠冰厚度 30 ~ 40 cm。流冰漂流速度一般为 0.3 ~ 0.5 m/s,最大可达 1.2 m/s,流向一般与涨落潮流向一致。

2000 年现场观测资料表明,盛冰期曹妃甸浅滩上的固定冰宽度 5 ~ 10 km,流冰的最远外缘线达 23 km,固定冰特征主要为重叠冰和覆雪冰;冰类型为沿岸冰和搁浅冰;一般固定冰厚度为 15 cm 左右,最大重叠冰厚 45 cm,最大单层平整固定冰厚 28 cm,堆积高度一般为 1 ~ 1.5 m,最高为 4 m,堆积现象主要发生在 8 ~ 15 km 的范围内,个别地方形成冰丘。流冰的冰型以灰冰为主,其次为灰白冰和尼罗冰;流冰的冰厚一般为 10 ~ 20 cm,最大可达 45 cm;流冰的漂流速度一般为 0.3 ~ 0.4 m/s,在风速小于 3 m/s 时流冰的流向主要受潮流控制,风速在 3 ~ 6 m/s 时流冰的流向受潮流和风的共同作用控制,当风速大于 6 m/s 时,风对流冰的漂流方向产生很大的影响作用。

3)风暴潮

渤海湾沿岸是风暴潮较强地区之一,据不完全统计,自 1953 年到 2003 年,沿海共发生较大的风暴潮 20 余次。其中,1992 年 9 月 1 日 16 号热带风暴形成的风暴潮,使唐山、沧州等地沿海基础设施和海水养殖业遭受重大损失,建设中的京唐港也受到一定程度的影响,直接经济损失达 3.42 亿元;1997 年 8 月 20 日 9711 号台风形成的风暴潮,造成全省沿海养殖业、电力、盐业等行业的经济损失超过 10 亿元;2003 年 10 月 11 ~ 12 日发生的特大温带风暴潮,使沧州、唐山沿海池塘养殖和盐业生产设施以及秦皇岛沿海筏式养殖遭受重创,部分在建海洋工程受损,直接经济损失 5.84 亿元。

5.2 海洋生态环境影响评估

根据自然资源部第一海洋研究所 2015 年 6 月的调查结果,并参考国家海洋环境监测中心 2006 年 10 月、河北省海洋环境监测中心 2012 年 7 月、天津科技大学 2013 年 5 月、河北省海洋环境监测中心 2013 年 7 月、国家海洋局秦皇岛海洋环境监测中心 2013 年 11 月、自然资源部第一海洋研究所 2014 年 4 月、河北省海洋渔业生态环境监测站 2014 年 8 月多次调查结果,对曹妃甸工业区 2006 年至 2015 年环境质量变化情况进行分析(表 5-1)。曹妃甸工业区调查站位分布图见图 5-1。

表 5-1　曹妃甸工业区环境质量参考资料表

序号	资料来源	调查时间	调查单位
1	曹妃甸工业区近期工程区域建设用海总体规划论证报告书	2006.10	国家海洋环境监测中心
2	2012 年河北省海洋环境监测—海洋工程建设—曹妃甸工业区监测与评价	2012.07	河北省海洋渔业生态环境监测站
3	曹妃甸工业区 TC-2015-003 号宗海项目海域使用论证报告书	2013.05	天津科技大学
4	2013 年河北省海洋环境监测—海洋工程建设—曹妃甸工业区监测与评价	2013.07	河北省海洋渔业生态环境监测站
5	TC-2014-018 号宗海海域使用论证报告书	2013.11	国家海洋局秦皇岛海洋环境监测中心
6	TC-2014-018 号宗海海域使用论证报告书	2014.04	自然资源部第一海洋研究所
7	2014 年河北省海洋环境监测—海洋工程建设—曹妃甸工业区监测与评价	2014.08	河北省海洋渔业生态环境监测站
8	曹妃甸海域环境与生态调查评价报告	2015.06	自然资源部第一海洋研究所

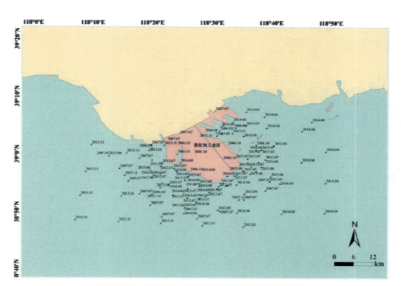

图 5-1　曹妃甸工业区调查站位分布图

5.2.1　海水环境质量

水质调查统计项目有 pH、溶解氧（DO）、化学耗氧量（COD）、无机氮（DIN）、活性磷酸盐（PO_4-P）、悬浮物、石油类、重金属（铜、铅、锌、镉、铬、砷、汞）。采用单因子污染指数评价方法进行评价，8 次调查统计结果显示，曹妃甸工业区主要污染物为无机氮、磷酸盐和石油类，其余调查指标多数站位满足二类海水水质标准（表 5-2）。

2006—2015 年曹妃甸工业区海水环境质量整体向好发展，与《河北省海洋环境质量公报》一致。石油类含量呈上升趋势，尤以 2015 年含量增加明显，化学需氧量、无机氮和镉含量基本维持不变（图 5-2），悬浮物、铜、锌、铅含量整体呈下降趋势（图 5-5），特别是悬浮物含量在 2014 年 4 月下降明显；溶解氧 2012 年和 2014 年 8 月含量较低，铬和砷含量 2014 年 4 月含量较高（图 5-4）。

通过对调查站位一致的 2012 年 7 月和 2014 年 8 月 15 个站位 12 个指标调查结果进行比较，发现 2014 年有 56.67% 的调查值含量比 2012 年增加，其中磷酸盐、铬、砷所有站位含量均增加（图 5-3 和图 5-6），磷酸盐含量平均增加 159.4%，铬含量平均增加 1533.4%，砷含量平均增加 31.2%。另外铜含量平均增加 114.8%，石油类含量平均增加 92.9%，汞含量平均减少 51.1%，铅含量平均减少 35.9%。

表 5-2 曹妃甸工业区 2012 年 7 月与 2014 年 8 月水质调查结果变化量统计表

站号 2012.07	站号 2014.08	DO (mg/L)	COD (mg/L)	DIN (mg/L)	PO₄-P (mg/L)	石油类 (mg/L)	Cu (μg/L)	Pb (μg/L)	Zn (μg/L)	Cd (μg/L)	总 Cr (μg/L)	As (μg/L)	Hg (μg/L)
B1B019	CFD04	-3.24	-0.2	0.128	0.014	-0.004	0.85	-0.67	-18.2	-0.22	1.35	0.2	-0.015
B1B020	CFD05	-1.14	-0.04	0.104	0.014	-0.003	1.05	-0.99	-9.6	0.04	0.9	0.2	-0.014
B1B021	CFD06	1.32	-0.42	0.098	0.005	0	1.7	-0.56	-9.2	-0.12	0.95	0	-0.016
B1B022	CFD07	-2.94	-0.06	0.142	0.006	-0.001	1.6	1.57	-2.6	0.04	0.95	0.4	-0.013
B1B023	CFD08	-2.58	0.08	0.05	0.002	0.009	1.65	-1.46	-4	-0.09	0.95	0.6	-0.013
B1B024	CFD09	-0.18	-0.02	0.046	0.003	0.013	1.35	-0.64	-0.2	0.14	0.9	0.4	-0.008
B1B025	CFD12	-3	-0.12	0.084	0.003	0.013	2.25	-0.53	0.6	0.14	1.4	0.6	-0.005
B1B026	CFD13	-1.74	-0.16	-0.058	0.010	0.010	1.85	-0.53	-4	-0.04	0.95	0.4	-0.014
B1B027	CFD14	-0.72	0	-0.028	0.002	0.009	1.65	-0.69	-7.4	0.01	0.95	0.6	-0.013
B1B028	CFD15	-3.12	-0.46	-0.084	0.001	0.010	1.3	-0.67	-1.6	-0.02	0.9	0.4	-0.011
B1B029	CFD16	-1.38	-0.1	-0.06	0.007	0.009	1.15	-0.45	-2.4	-0.04	0.9	0.4	-0.016
B1B030	CFD17	-1.62	0	-0.134	0.008	0.008	1.4	-0.98	4.4	0.06	0.95	0.4	-0.008
B1B031	CFD18	-0.06	-0.02	-0.054	0.003	0.011	2.8	-0.66	-3.4	0.08	0.9	0.6	-0.012
B1B032	CFD19	0.24	-0.04	0.044	0.003	0.013	3.45	-1.07	0.8	0.18	1.45	0.4	-0.009
B1B033	CFD20	-1.98	0.12	0.054	0.002	0.012	2.5	-0.27	2	0.02	0.95	0.6	-0.009

1）无机氮

2006—2015 年曹妃甸工业区无机氮含量变化不大，范围为 0.108～0.402 mg/L，最大值为 2006 年 10 月调查结果均值，最小值为 2015 年 6 月调查结果均值。所有期次、站位调查结果中无机氮含量超三类海水水质超标率 10.8%，超四类海水水质超标率 3.6%。

2）磷酸盐

2006—2015 年曹妃甸工业区磷酸盐含量持续下降，2014 年 4 月有所上升，2015 年 6 月再次下降。均值最高值出现在 2006 年 10 月的调查结果中，为 0.037 mg/L；2012 年

7月的调查结果均值最低，为0.003 mg/L。所有期次、站位调查结果磷酸盐含量超三类海水水质超标率为13.5％，超四类海水水质超标率为3.6％。

3）石油类

2006—2011年曹妃甸工业区石油类含量持续上升，2012年含量有所下降，推测原因为强降水影响，从2013年开始含量增速加快，2014年8月含量又有所降低，2015年石油类含量再次大幅增加。均值最高值出现在2015年6月的调查结果中，为0.098 mg/L；2006年10月调查结果均值最低，为0.004 mg/L。所有期次、站位调查结果中石油类含量符合三类海水水质标准，超一类海水水质超标率和超四类海水水质超标率都为15.3％。

4）其他指标

2006—2015年曹妃甸工业区溶解氧含量较低，有73.9％的调查站位调查值低于四类海水水质标准。2006年10月有一个站位铜含量超出二类海水水质标准，2014年8月有一个站位铅含量超出二类海水水质标准，2013年11月有一个站位锌含量超出二类海水水质标准。其余指标所有期次、站位调查结果含量均符合二类海水水质标准。

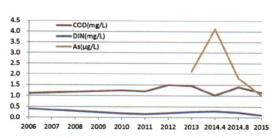

图 5-2　曹妃甸工业区海水化学需氧量、
无机氮、砷含量变化趋势图

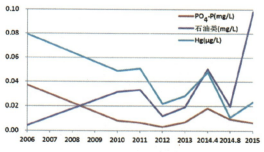

图 5-3　曹妃甸工业区海水磷酸盐、石油类、
汞含量变化趋势图

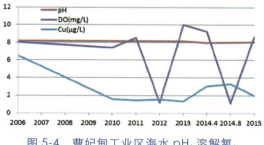

图 5-4　曹妃甸工业区海水 pH、溶解氧、
铜含量变化趋势图

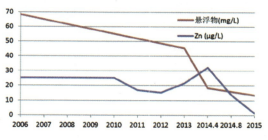

图 5-5　曹妃甸工业区海水悬浮物、
锌含量变化趋势图

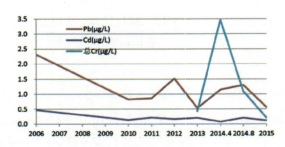

图 5-6　曹妃甸工业区海水铅、镉、铬含量变化趋势图

5.2.2　近岸海域沉积物质量

近岸海域沉积物调查统计项目有有机碳、石油类、硫化物、铜、铅、锌、镉、铬、汞、砷。采用单因子污染指数评价方法进行评价,所统计的 7 次调查结果显示,曹妃甸工业区主要污染物为汞,主要表现在 2014 年 8 月和 2015 年 6 月所有站位汞含量超出沉积物三类标准,占全部调查站位的 29.5%。2006—2013 年汞含量调查结果保持平稳略有起伏,2014 年 4 月的调查结果显示,汞含量虽然仍满足沉积物一类标准,但均值为 2013 年 11 月调查结果均值的 6.13 倍;2014 年 8 月调查显示,汞含量均值突然增加且增量显著,达到 9.77×10^{-6},为 2013 年 11 月均值的 564.44 倍;2015 年 6 月调查结果显示,汞含量较 2014 年 8 月降低明显,但均值仍达到 1.55×10^{-6},超出沉积物三类标准的 1×10^{-6} 要求。另外,2006 年 10 月有 1 个站位石油类含量和 2 个站位镉含量符合沉积物二类标准,其余期次、站位调查指标均满足沉积物一类标准。

2006—2015 年曹妃甸工业区近岸海域沉积物环境质量总体良好,与《河北省海洋环境质量公报》一致。2015 年 6 月调查结果显示,硫化物、砷、铬含量下降明显。2010 年石油类含量较 2006 年大幅下降,自统计站位值最高值 150.3×10^{-6} 下降到统计站位最低值 23.4×10^{-6},2014 年 4 月又上升到一个较高的峰值 101.79×10^{-6},至 8 月有明显下降,2015 年又略有增加(图 5-7～图 5-10)。

通过对调查站位一致的 2012 年 7 月和 2014 年 8 月 8 个站位 10 个指标调查结果进行比较,发现 2014 年有 80% 的调查值含量比 2012 年增加(表 5-3)。

表 5-3　曹妃甸工业区 2012 年 7 月与 2014 年 8 月沉积物调查结果变化统计表

站号 2012.07	站号 2014.08	有机碳 (%)	石油类 (10^{-6})	硫化物 (10^{-6})	Cu (10^{-6})	Pb (10^{-6})	Zn (10^{-6})	Cd (10^{-6})	Cr (10^{-6})	Hg (10^{-6})	As (10^{-6})
B1B019	CFD04	0.08	5	−6	1.4	4.2	−10.5	−0.05	5.6	8.978	−9.982
B1B021	CFD06	0.04	5	9	−6.3	1.2	−4.5	−0.01	−5.6	8.976	−10.18
B1B023	CFD08	0.1	−10	0	4.9	3	12	−0.065	0	8.98	−6.782
B1B025	CFD12	0.04	−5	6	2.1	−2.4	−3	−0.04	4.8	8.966	−9.38
B1B026	CFD13	0.1	10	0	1.4	4.2	−3	−0.095	16.8	10.782	−8.16
B1B029	CFD16	0.08	10	9	−0.35	0.6	0	−0.055	0.8	10.174	−7.168

续表

站号 2012.07	站号 2014.08	有机碳（%）	石油类 (10^{-6})	硫化物 (10^{-6})	Cu (10^{-6})	Pb (10^{-6})	Zn (10^{-6})	Cd (10^{-6})	Cr (10^{-6})	Hg (10^{-6})	As (10^{-6})
B1B031	CFD18	0.1	0	−9	2.8	0	3	−0.075	−16	10.774	−7.77
B1B033	CFD20	0.02	5	18	3.15	−8.4	−3	−0.06	−0.8	9.978	−6.172

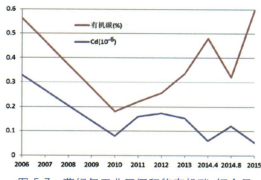

图 5-7　曹妃甸工业区沉积物有机碳、镉含量变化趋势图

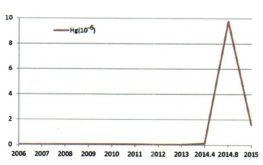

图 5-8　曹妃甸工业区沉积物汞含量变化趋势图

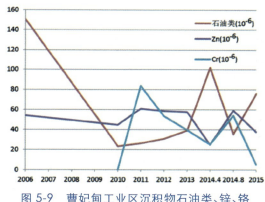

图 5-9　曹妃甸工业区沉积物石油类、锌、铬含量变化趋势图

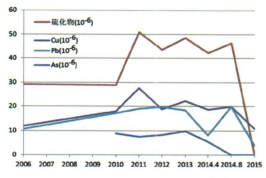

图 5-10　曹妃甸工业区沉积物硫化物、铜、铅、砷含量变化趋势图

5.2.3　近岸生态环境质量

调查结果显示，根据叶绿素 a 浓度，2012—2015 年曹妃甸工业区近岸海域初级生产力经历了较大提高后又小幅下降的过程。根据多样性指数指标，该海区浮游植物生境质量在 2013 年有所降低，2015 年恢复至 2012 年水平；浮游动物生境质量较 2012 年有所下降，底栖动物生境质量持续好转。

根据 2012 年 7 月、2013 年 7 月、2014 年 8 月和 2015 年 6 月调查结果，曹妃甸工业区海域叶绿素 a 浓度整体不高（图 5-11）。在 2012 年 7 月最低，均值只有 0.72 μg/L；2014

年 8 月浓度最高,均值为 5.18 μg/L;2015 年 6 月叶绿素 a 浓度略有下降,为 3.47 μg/L。

根据调查结果,曹妃甸工业区 2014 年 8 月浮游植物种数最高,合计为 40 种;2015 年 6 月浮游植物种数下降为 30 种, 2012 年 7 月和 2013 年 7 月采集到的浮游植物种数都为 22 种(图 5-12)。浮游植物生物密度变化较大,2014 年 8 月浮游植物生物密度最高,达到 3375×10⁴ cells/m³, 2015 年 6 月则降至最低值 14.2×10⁴ cells/m³。种数和生物密度变化趋势与海区叶绿素 a 浓度变化趋势表现出较高的一致性。

2012—2015 年浮游植物均匀度和优势度略有起伏但变化不大,前者变化值范围为 0.45 ~ 0.73,后者变化值范围为 0.62 ~ 0.99。多样性指数和丰富度相对变化较大,其中多样性指数在 2013 年 7 月达到最低值 0.69, 2012 年 7 月和 2015 年 6 月指标值较高,分别为 2.30 和 2.16。丰富度则在 2013 年 7 月达到最高值 3.13;2012 年 7 月和 2015 年 6 月指标值则较低,分别为 0.43 和 0.41(图 5-13)。

根据调查结果,曹妃甸工业区浮游动物指标变化趋势与浮游植物类似,种数、生物量和生物密度变化趋势与海区叶绿素 a 浓度变化趋势同样表现出较高的一致性。2014 年 8 月采集到的浮游动物种数最高,合计为 64 种;2015 年 6 月浮游动物种数下降为 21 种,接近 2012 年 7 月的 20 种和 2013 年 7 月的 23 种。浮游动物生物密度和生物量变化较大,2014 年 8 月都为最高,分别为 1.18×10⁸ ind/m³ 和 219.5 mg/m³, 2015 年 6 月生物密度降至最低值 1.76×10⁶ ind/m³,生物量也有所下降(图 5-14)。

2012—2015 年浮游动物均匀度和优势度变化不大,前者变化值范围为 0.63 ~ 0.79,后者变化值范围为 0.53 ~ 0.78,且曲线表现出上升趋势。丰富度曲线上升趋势也较明显, 2015 年 6 月为最高值 1.61。多样性指数则在 2014 年 8 月为最高值 2.65,2015 年 6 月为最低值 1.17(图 5-15)。

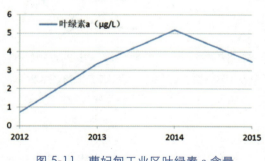

图 5-11 曹妃甸工业区叶绿素 a 含量变化趋势图

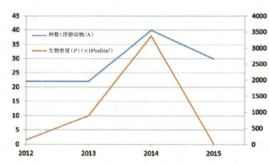

图 5-12 曹妃甸工业区浮游植物种数、生物密度变化趋势图

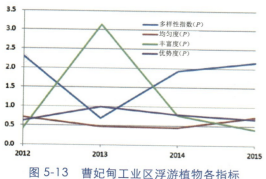

图 5-13　曹妃甸工业区浮游植物各指标
变化趋势图

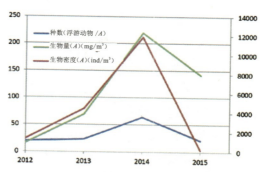

图 5-14　曹妃甸工业区浮游动物种数、
生物量、生物密度变化趋势图

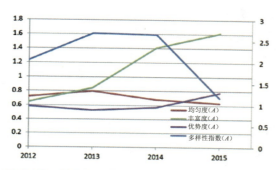

图 5-15　曹妃甸工业区浮游动物各指标变化趋势图

　　根据调查结果，2012—2014 年曹妃甸工业区底栖动物种数和生物密度都呈增长趋势，生物量则在 2014 年 8 月有较明显降低（图 5-16）。2014 年 8 月共采得底栖动物 30 种，为 3 次调查最高值；底栖动物生物密度在 2014 年 8 月也为最高值，为 76.2 ind/m²；生物量在 2014 年 8 月为最低值，只有 3.59 g/m²。

　　2012—2014 年底栖动物多样性指数、均匀度、丰富度和优势度均变化不大。其中多样性指数和丰富度曲线呈上升趋势，在 2014 年 8 月达到最高值，分别为 1.66 和 0.55。均匀度和优势度略显下降趋势，在 2014 年 8 月达到最低值，分别为 0.74 和 0.67（图 5-17）。

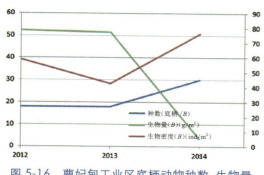

图 5-16　曹妃甸工业区底栖动物种数、生物量、
生物密度变化趋势图

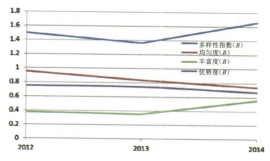

图 5-17　曹妃甸工业区底栖动物各指标
变化趋势图

5.2.4 水动力环境变化

由于区域建设规划一般填海造地面积较大,常规的潮汐潮流监测只能反映出监测点的潮汐潮流等水文因素的变化,难以体现出区域建设用海规划实施后对海域局部或海湾整体的水动力环境影响。因此,为反映沧州渤海新区、曹妃甸工业区和京唐港区区域建设用海规划实施以后对区域水动力环境的影响,本文采用数值模拟的方法,通过区域建设用海规划实施前后的潮汐、潮流、余流和水交换等方面的模拟计算和对比分析,以反映出上述三个规划实施后对区域水动力环境的影响。

本文水动力和泥沙数值模拟采用的是丹麦水力学研究所研制的 DHI MIKE 系列数值计算与分析软件,该软件系列中运用水动力(Mike 3、Mike 21 等)、波浪和泥沙输运模型进行流场、波浪场和泥沙输运的数值模拟。该软件是国际上比较成熟的数值模拟软件系统,在模拟前处理和后处理方面具有独特的优势,得到了河口海岸工程技术专业人员的普遍认可,在海洋、海岸和河口研究中得到了广泛应用。采用 Mike 3 水动力模块(HD)进行水动力模拟,并耦合水质模块(Ecolab)进行水交换的模拟。由于篇幅有限,模型参数和验证部分略。

1)对区域潮汐结构的影响

从曹妃甸区建设用海规划区附近海域规划前后同潮图(图 5-18～图 5-24)对比可以看出,曹妃甸区域建设用海规划区附近海域四个主要分潮的同潮图分布基本一致,没有太大的变化,说明潮汐结构变化不大。其中,M_2 分潮振幅在曹妃甸工业区附近海域为 0.32～0.76 m,迟角为 25°～70°。由等振幅线和等迟角线对比图可以看出,规划实施后,曹妃甸区域建设用海规划区附近海域外海的 M_2 分潮等振幅线略往东偏,而规划区近岸海域的等振幅线向西偏转;等迟角线在规划后略向西南方向偏转。从曹妃甸区域建设用海规划区附近 S_2 分潮在规划前后的变化可以看出,S_2 分潮潮汐同潮图在规划前后变化不大,潮汐结构基本一致,S_2 分潮振幅分布为 0.05～0.14 m,迟角分布为 100°～155°。由等振幅线和等迟角线对比图可以看出,规划实施后,曹妃甸区域建设用海规划区外海海域 S_2 分潮等振幅线略向东偏,近岸海域中部往东偏,西部和东部海域往西偏;规划后等迟角线分布与 S_2 相似,往西南方向偏转。从曹妃甸区域建设用海规划区附近 K_1 分潮在规划前后的变化可以看出,K_1 分潮潮汐同潮图在规划前后变化不大,潮汐结构基本一致,K_1 分潮振幅分布为 0.30～0.38 m,迟角分布为 125°～140°。由等振幅线和等迟角线对比图可以看到,规划实施后,曹妃甸区域建设用海规划区附近东部海域 K_1 分潮等振幅线略向西偏,西部海域往东偏;规划后等迟角线分布往西南方向偏转。从曹妃甸区域建设用海规划区附近 O_1 分潮在规划前后的变化可以看出,O_1 分潮潮汐同潮图在规划前后变化不大,潮汐结构基本一致,O_1 分潮振幅分布为 0.20～0.24 m,迟角分布为 80°～95°。由等振幅线和等迟角线对比图可以看到规划实施后,曹妃甸区域建设用海规划区附近海域 O_1 分潮等振幅线略向东南方向偏;规划后等迟角线分布与

K_1分潮相似,略向西南方向偏转。

从曹妃甸工业区附近M_4分潮在规划前后的变化可以看出,M_4分潮潮汐同潮图在规划前后变化不大,潮汐结构基本一致,M_4分潮振幅分布为$0.01 \sim 0.06$ m,迟角分布为$0° \sim 360°$,规划区南侧海域有一个无潮点。从等振幅线和等迟角线对比图可以看到,规划实施后,曹妃甸工业区外海海域M_4分潮等振幅线略向东偏,近岸海域东部等振幅线往西偏,西部海域等振幅线往东偏;规划后等迟角线分布与规划前相比,无潮点位置稍往北偏。

从曹妃甸工业区附近MS_4分潮在规划前后的变化可以看出,MS_4分潮潮汐同潮图在规划前后变化不大,潮汐结构基本一致,MS_4分潮振幅分布为$0.005 \sim 0.025$ m,迟角分布为$0° \sim 360°$,规划区南侧海域有一个无潮点。从等振幅线和等迟角线对比图可以看出,规划实施前,曹妃甸工业区近岸海域MS_4分潮等振幅线基本与岸线平行,而规划实施后,规划海域附近的等振幅线与岸线接近垂直;规划后等迟角线分布与规划前相比,无潮点位置基本不变,迟角线旋转方向相对规划前更偏向顺时针方向。

从曹妃甸工业区附近M_6分潮在规划前后的变化可以看出,M_6分潮潮汐同潮图在规划前后变化不大,潮汐结构基本一致,M_6分潮振幅分布为$0.003 \sim 0.015$ m,迟角分布为$0° \sim 360°$,规划区西南侧海域有一个无潮点。从等振幅线和等迟角线对比图可以看出,规划实施前,曹妃甸工业区近岸海域M_6分潮等振幅线基本与岸线平行,而规划实施后,规划海域附近的等振幅线与岸线接近垂直;规划后等迟角线分布与规划前相比,无潮点位置稍向东北方向偏转。

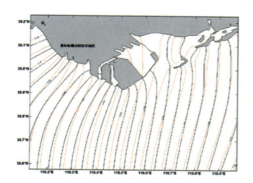 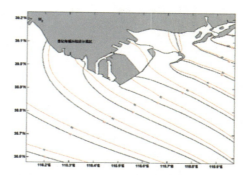

图 5-18　曹妃甸工业区用海规划实施前(红线)后(黑线)M_2分潮等振幅线图(左)和同潮时图(右)

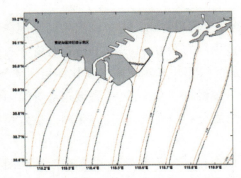
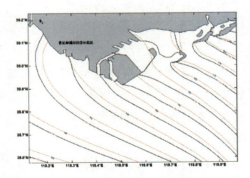

图 5-19　曹妃甸工业区用海规划实施前（红线）后（黑线）S_2 分潮等振幅线图（左）和同潮时图（右）

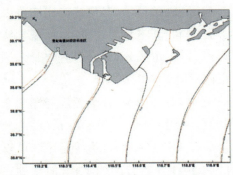
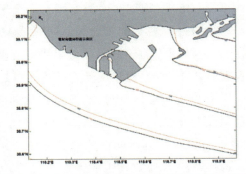

图 5-20　曹妃甸工业区用海规划实施前（红线）后（黑线）K_1 分潮等振幅线图（左）和同潮时图（右）

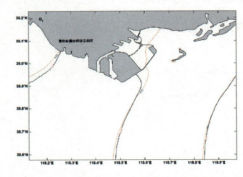
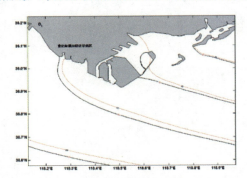

图 5-21　曹妃甸工业区用海规划实施前（红线）后（黑线）O_1 分潮等振幅线图（左）和同潮时图（右）

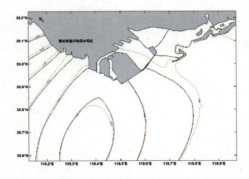
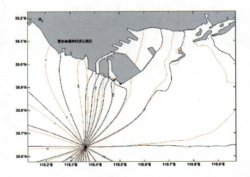

图 5-22　曹妃甸工业区用海规划实施前（红线）和实施后（黑线）M_4 分潮等振幅线图（左）和同潮时图（右）

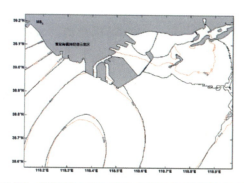
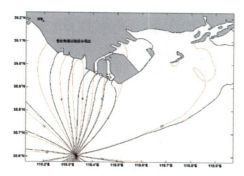

图5-23 曹妃甸工业区用海规划实施前（红线）和实施后（黑线）MS_4分潮等振幅线图（左）和同潮时图（右）

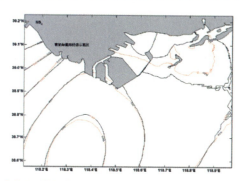
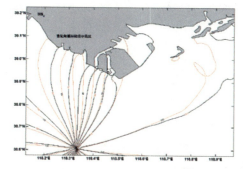

图5-24 曹妃甸工业区用海规划实施前（红线）和实施后（黑线）M_6分潮等振幅线图（左）和同潮时图（右）

2）对区域潮流的影响

此外，为进一步反映区域建设用海规划实施后对局部海域潮流椭圆参数的影响，以本区占优势的M_2分潮为例，京唐港区域建设用海区附近海域的特征点潮流椭圆的长半轴和短半轴的变化幅度均小于3 cm/s，倾角的变化幅度在6°以内，迟角的变化幅度在2°以内；曹妃甸区域建设用海区附近海域的特征点潮流椭圆的长半轴和短半轴的变化幅度均小于4 cm/s，除25、26、27号特征点倾角和迟角的变化较大外，其他特征点的倾角和迟角变化幅度均较小；渤海新区区域建设用海区附近海域的特征点潮流椭圆的长半轴和短半轴的变化幅度均小于1 cm/s，其他特征点的倾角和迟角变化幅度均小于5°。

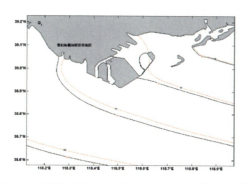

图5-25 曹妃甸工业区用海规划实施前（红线）后（黑线）M_2分潮潮流椭圆分布

3）对区域水交换的影响

京唐港区、曹妃甸工业区和渤海新区区域建设用海规划实施前,渤海湾的6个月平均水交换率约为25.42%,而三个区域用海规划实施后,渤海湾6个月平均水交换率约为23.52%,前后对比可见渤海湾6个月的平均水交换率下降了约1.9%。

现京唐港区、曹妃甸工业区和渤海新区区域建设用海规划实施前,渤海湾的平均年水交换率约为44.45%,而三个区域用海规划实施后,渤海湾的平均年水交换率约为41.57%,前后对比可见渤海湾6个月的平均水交换率下降了约2.88%,与渤海湾6个月的平均水交换率相比,又下降了约0.98%。

京唐港区、曹妃甸工业区和渤海新区三个区域建设用海规划实施前渤海湾水体半交换时间为411天,而三个区域建设用海规划实施后,渤海湾水体半交换时间则为412天,延长了1天。

渤海新区、曹妃甸工业区和京唐港区区域建设用海规划实施后区域水交换能力明显下降,12个月的水体平均交换率分别下降 $-0.69\%\sim-12.92\%$、$4.93\%\sim-10.63\%$、$-0.66\%\sim1.67\%$。

5.2.5 小结

调查统计结果显示,2006年及2012—2015年曹妃甸工业区近岸水质主要污染物为无机氮、磷酸盐和石油类,其余调查指标多数站位满足二类海水水质标准。海水环境质量整体向好发展,与《河北省海洋环境质量公报》一致。石油类含量呈上升趋势,尤以2015年含量增加明显,化学需氧量、无机氮和镉含量基本维持不变,悬浮物、铜、锌、铅含量整体呈下降趋势,特别是悬浮物含量在2014年4月下降明显;溶解氧2012年和2014年8月含量较低,铬和砷含量2014年4月含量较高。统计的7次调查结果显示,曹妃甸工业区主要污染物为汞。

沉积物环境质量总体良好,但2014年汞含量急剧增加,超标现象严重,需要排查污染源,2015年汞含量有下降趋势。

近岸海域叶绿素a含量呈先上升后下降的趋势,与渤海大区域环境变化趋势一致;浮游植物和浮游动物的种数和生物密度都在较大增加后又明显降低,与海域叶绿素a含量变化趋势一致;浮游动物生境质量较2012年有所下降,但浮游植物和底栖动物生境质量呈逐年恢复的趋势,表明大规模吹填施工结束后区域生境呈转好的趋势。游泳生物资源平均密度为218.44 kg/km² 和95764尾 / 平方千米,头足类成体资源密度为12.80 kg/km²,虾类资源密度为69.871 kg/km²,蟹类资源密度为9.113 kg/km²,均低于规划前的资源密度水平。鱼卵、仔鱼优势种数量减少,鱼卵平均密度为0.63 ind/m³,仔鱼平均密度为0.43 ind/m³。

曹妃甸区域建设用海规划实施后,渤海和渤海湾的四大主要分潮的潮汐结构基本没有发生变化。而浅水分潮的影响相对大,渤海的主要浅水分潮 M_4、MS_4 和 M_6 的相位均发生不同程度的改变，M_4分潮的变化相对明显。曹妃甸区域主要潮沟区域的潮流流速基本没有变化，甸头前沿各分潮的最大流速变化不是很显著，但由于填海造地导致部分浅滩消失，导致部分区域的流向发生相对大的变化，并且填海区西侧的最大流速降幅显著。

曹妃甸工业区区域建设用海规划的实施减小了渤海湾口的过水面积，导致区域水交换能力略有下降，甸头区域的水交换能力下降相对大。

由上文可见，曹妃甸区域仍维持潮流强、水深大、水体含沙量相对较低的特征，区域深槽和潮沟均处于基本稳定状态。曹妃甸工业区区域建设用海规划的实施没有对区域的冲淤环境产生较显著影响：由于区域水动力条件、底质条件均未发生明显变化，说明新的边界条件与动力条件已基本相适应；从历史水深对比结果来看，曹妃甸东北侧浅滩目前依然处于微淤状态，曹妃甸甸头前沿深槽水深基本稳定，但由于用海区东侧路堤工程建设，导致靠近龙岛附近的区域则处于淤积状态。

5.3　社会经济影响评估

5.3.1　唐山市曹妃甸工业区、京唐港区经济发展状况

根据《曹妃甸工业区近期工程区域建设用海总体规划》，曹妃甸近期用海规划期为2008—2010年，共3年。根据《河北省乐亭县临港产业聚集区（京唐港区）区域建设用海规划》，规划期限为2011—2015年，共5年。

5.3.1.1　经济与社会发展总体状况

曹妃甸工业区与京唐港区同属唐山市，故将2009—2014年曹妃甸工业区与京唐港的经济与社会发展状况进行总体介绍。

1）2009年曹妃甸工业区、京唐港区经济与社会发展状况

2009年是《曹妃甸工业区近期工程区域建设用海总体规划》实施后的第一年。根据《唐山市2009年国民经济和社会发展统计公报》，2009年曹妃甸新区完成固定资产投资1022.54亿元，比上年增长1.4倍。产业大规模聚集态势初步形成。首钢京唐钢铁公司一期一步正式投产，华润曹妃甸电厂2×30万千瓦机组并网发电，中石油渤海湾生产支持基地、华电临港重工装备制造基地、冀东哈电风力发电、恒基伟业新能源、锂源锂电池、第四方物流南堡现代物流园等一批产业项目开工建设。基础设施不断完善。京唐港区3000万吨专业煤炭泊位竣工，曹妃甸港区煤炭码头一期工程投入试运营，通用散杂货码头起步工程和二期工程开工建设，司曹铁路全线通车，滦曹公路、滨海大道开工建设，路水电讯等配套设施日臻完善。

港口建设跨入新阶段。唐山港全年完成货物吞吐量17559万吨，增长61.8%，其中，曹妃甸港区吞吐量7018万吨，增长1.2倍；京唐港区吞吐量突破亿吨大关，完成10541万吨，增长37.9%，完成集装箱运输24.14万标箱，增长0.4%。曹妃甸港区被国家定位为北方大宗能源和散杂货集输港、商业化储备基地、新型工业化基地和循环经济示范区。

在教育方面,依托唐山工业职业技术学院组建的河北曹妃甸工业职业教育集团正式成立。

2)2010年曹妃甸工业区、京唐港区经济与社会发展状况

2010年是《曹妃甸工业区近期工程区域建设用海总体规划》实施后的第二年。根据《唐山市2010年国民经济和社会发展统计公报》,2010年曹妃甸新区完成投资937.47亿元,比上年下降8.3%,其中,曹妃甸工业区完成投资687.73亿元,增长5.7%。曹妃甸港区矿石码头二期建成,LNG码头、京唐港区20万吨级航道工程开工建设;220 kV变电站、净水厂、污水处理厂、滨海大道等基础设施建成投入使用;冀东风电装备研发制造等一批产业项目开工建设,中日唐山曹妃甸生态工业园建设取得积极进展。

港口建设方面,唐山港完成货物吞吐量2.5亿吨,增长42.1%,成为国内第10个吞吐量突破2亿吨的大港。其中,曹妃甸港区吞吐量1.3亿吨,增长84.4%;京唐港区吞吐量1.2亿吨,增长14.0%。在港口货物吞吐量中,钢材增长89.9%,煤炭增长75.4%,铁矿石增长5.6%,集装箱增长14.6%。

3)2011年曹妃甸工业区、京唐港区经济与社会发展状况

2011年是《曹妃甸工业区近期工程区域建设用海总体规划》实施后的第三年。根据《唐山市2011年国民经济和社会发展统计公报》,曹妃甸LNG码头、煤炭码头三期、矿石码头三期工程等项目前期工作取得实质性进展。全年唐山港货物吞吐量3.12亿吨,增长26.8%。其中,曹妃甸港区吞吐量1.75亿吨,增长39.0%;京唐港区吞吐量1.37亿吨,增长14.0%。在港口货物吞吐量中,钢铁增长38.0%,煤炭增长20.2%,铁矿石增长25.4%,集装箱增长23.2%。对外经济方面,成功举办了第二届曹妃甸临港产业国际投资贸易洽谈会。

4)2012年曹妃甸工业区、京唐港区经济与社会发展状况

2012年是《曹妃甸工业区近期工程区域建设用海总体规划》实施后的第四年,《河北省乐亭县临港产业聚集区(京唐港区)区域建设用海规划》实施后的第一年。根据《唐山市2012年国民经济和社会发展统计公报》,2012年唐山曹妃甸港区煤码头续建项目已基本完工。曹妃甸矿石码头三期、曹妃甸煤码头三期、首钢迁钢800万吨钢铁、唐山港京唐港区26号到27号集装箱泊位工程和36号到40号煤炭泊位工程、华润西郊热电三期扩建工程等6个项目获国家核准。华润曹妃甸2×100万千瓦超超临界机组等8个项目获国家发改委批复项目建议书。

全年唐山港货物吞吐量3.65亿吨,增长16.8%。其中,曹妃甸港区吞吐量1.95亿吨,增长11.1%;京唐港区吞吐量1.70亿吨,增长24.1%。在港口货物吞吐量中,钢铁增长14.0%,煤炭增长8.3%,铁矿石增长26.2%,集装箱增长33.2%。

5)2013年曹妃甸工业区、京唐港区经济与社会发展状况

2013年是《曹妃甸工业区近期工程区域建设用海总体规划》实施后的第五年,《河

北省乐亭县临港产业聚集区（京唐港区）区域建设用海规划》实施后的第二年。根据《唐山市 2013 年国民经济和社会发展统计公报》，2013 年全年曹妃甸区固定资产投资 734.90 亿元，比上年增长 19.1%，投资总量占全市的 20.6%。海清源反渗透膜制造、LNG 码头一期、煤码头二期等项目竣工投产。中石化千万吨炼化一体化、华润曹妃甸电厂二期"上大压小"2×100 万千瓦超超临界发电机组扩建项目取得关键性突破。曹妃甸港区新增泊位 12 个，累计建成并运营泊位 60 个，吞吐能力达到 3.5 亿吨。

全年港口货物吞吐量 4.46 亿吨，比上年增长 22.4%。其中，曹妃甸港区吞吐量 2.45 亿吨，增长 26.0%；京唐港区吞吐量 2.01 亿吨，增长 18.2%。在港口货物吞吐量中，钢铁增长 18.7%，煤炭增长 28.7%，铁矿石增长 13.7%，集装箱增长 60.2%。备案登记水上运输企业 10 家，运输船舶总运力 76.6 万载重吨。曹妃甸港区口岸通关中心建成，口岸"一站式"服务模式正式启动。2013 年曹妃甸综合保税区正式通过国家验收。

6）2014 年曹妃甸工业区、京唐港经济与社会发展状况

2014 年是《曹妃甸工业区近期工程区域建设用海总体规划》实施后的第六年，《河北省乐亭县临港产业聚集区（京唐港区）区域建设用海规划》实施后的第三年。根据《唐山市 2014 年国民经济和社会发展统计公报》，2014 年全年曹妃甸区投资 868.75 亿元，增长 18.3%，占全市固定资产投资的 26.5%。曹妃甸港区文丰木材码头、河钢通用码头，京唐港区通用散杂货泊位、26 号到 27 号集装箱泊位、36 号到 40 号煤炭泊位完工投产。曹妃甸中鸿煤焦油深加工一期项目竣工投产。华润曹妃甸电厂二期项目国家发改委已完成核准程序，首钢二期项目进入评估程序。

港口建设方面，2014 年全年唐山港货物吞吐量 5.01 亿吨，比上年增长 12.2%，在全国港口中排名第 4 位。其中曹妃甸港吞吐量 2.86 亿吨，增长 16.5%；京唐港吞吐量 2.15 亿吨，增长 7.0%。在港口货物吞吐量中，集装箱吞吐量 110.86 万标箱，增长 52.4%；钢材吞吐量 5074 万吨，增长 26.6%；煤炭吞吐量 17805 万吨，下降 4.5%；矿石吞吐量 21247 万吨，增长 23.3%。备案登记水上运输企业 9 家，运输船舶总运力 82.43 万载重吨，增长 14.7%。

此外，曹妃甸综合保税区正式封关营运，曹妃甸农商行成立开业，唐山工业职业技术学院顺利搬迁曹妃甸，曹妃甸绿港获批建设省级农业科技园区。

5.3.1.2　经济数据分析

曹妃甸工业区所在的曹妃甸区与京唐港区所在的乐亭县同属唐山市，下面从地区生产总值、固定资产投资、港口吞吐量等经济数据来分析区域建设用海评估以来唐山市、曹妃甸区、乐亭县的经济变化。

从地区生产总值看（表 5-4、图 5-26），2008—2013 年期间，唐山市生产总值呈现稳步增长的趋势，由 2008 年的 3537.4 亿元增长到 2013 年的 6121.21 亿元；2011—2013 年期间，曹妃甸区生产总值总体呈现增长趋势，在 2012—2013 年期间增长趋于缓慢，2013

年曹妃甸区的生产总值达到 358.11 亿元；乐亭县生产总值在 2011—2013 年期间略有波动，2012 年达到峰值 387.3 亿元后，2013 年有所减少。通过对曹妃甸区、乐亭县生产总值在唐山市所占百分比来说明这两个区域对唐山的经济贡献，由 2011—2013 年数据分析发现，曹妃甸地区生产总值占唐山市生产总值比例维持在 5.8% 以上，2012 年达到峰值，占唐山市的 6.07%，之后稍有回落；乐亭县地区生产总值占唐山市生产总值比例波动较大，2012 年达到峰值，占唐山市的 6.61%，2013 年该比例回落至 4.88%。综合来看，这两个区域对整个唐山市的经济贡献略有波动，在 2012 年达到最高值后，2013 年有所回落。

从 2008—2014 年的填海造地面积来看（表 5-5），呈现稳步增长趋势，以 2012—2014 年期间填海造地面积最多，为 92.64 km²，填海造地面积的增长趋势与唐山市生产总值、曹妃甸区生产总值的增长趋势基本一致，可见区域建设用海对唐山市经济具备一定的带动作用。

表 5-4　唐山市、曹妃甸区、乐亭县历年生产总值(2008—2013 年)

年份	2008	2009	2010	2011	2012	2013
唐山市生产总值(亿元)	3537.47	3812.72	4469.16	5442.45	5861.64	6121.21
曹妃甸区生产总值(亿元)	/	/	/	320	356	358.11
乐亭县生产总值(亿元)	/	/	/	357.9	387.3	298.53
曹妃甸区占比(%)	/	/	/	5.88	6.07	5.85
乐亭县占比(%)	/	/	/	6.58	6.61	4.88

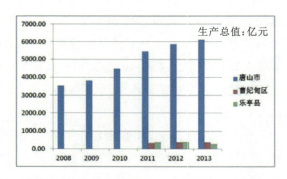

图 5-26　唐山市、曹妃甸区、乐亭县历年生产总值(2008—2013 年)

表 5-5　2008—2014 年曹妃甸工业区近期总填海造地面积情况

年份	2008	2010	2012	2014
总填海造地面积(km²)	77.79	80.09	92.40	92.64

2009—2014 年期间，唐山市港口建设跨入新阶段（表 5-6、图 5-27）。唐山港实现跨越式发展，吞吐量由 2009 年的 1.76 亿吨增长到 2014 年的 5.01 亿吨，年均增长率达

到23.3%。唐山港于2010年完成货物吞吐量2.5亿吨,较上年增长42.1%,成为国内第10个吞吐量突破2亿吨的大港;2014年唐山港货物吞吐量5.01亿吨,比上年增长12.2%,在全国港口中排名第4位。区域用海规划实施后,唐山港泊位个数由2009年的44个增加到2012年的63个,泊位长度由2009年的10901 m增加到2012年的16628 m。其中,曹妃甸港区吞吐量由2009年的0.7亿吨增长到2014年的2.86亿吨,年均增长率达到32.5%,2013年曹妃甸港区吞吐量突破2亿吨;京唐港区吞吐量由2009年的1.06亿吨增长到2014年的2.15亿吨,年均增长率达到15.2%,与曹妃甸港区相比增长速率相对偏低,京唐港区同样在2013年实现吞吐量突破2亿吨。

曹妃甸港区与京唐港区港口建设的跨越式发展,为唐山市实现"依托深水港口,逐步利用国外矿石、原油和沿海原油"就地发展"现代化的钢铁和石油化工工业,建立生态型沿海工业城"的发展目标奠定了坚实基础,有利于带动环渤海地区沿海重工业产业带的形成和发展,对于推动社会的进步有重要作用。

表5-6　唐山港历年吞吐量、泊位统计(2009—2014年)

港口指标	2009	2010	2011	2012	2013	2014
唐山港吞吐量(亿吨)	1.76	2.5	3.12	3.65	4.46	5.01
其中,曹妃甸港区吞吐量(亿吨)	0.7	1.3	1.75	1.95	2.45	2.86
京唐港区吞吐量(亿吨)	1.06	1.2	1.37	1.7	2.01	2.15
唐山港泊位长度(米)	10901	10901	13449	16628	/	/
唐山港泊位数(个)	44	44	53	63	/	/

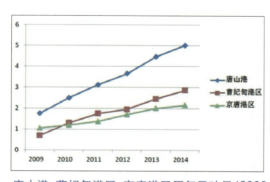

图5-27　唐山港、曹妃甸港区、京唐港区历年吞吐量(2009—2014年)

从固定资产投资来看(表5-7和图5-28),2009—2014年期间,唐山市固定资产投资略有波动,但总体呈现稳步增长的趋势,由2009年的2180.86亿元增长到2014年的4213.17亿元;曹妃甸区固定资产投资波动较大,2009—2012年投资额逐年减少,2012年之后又有所回升,但投资总体有所减少,由2009年的7022.54亿元减少到2014年的868.75亿元。通过对曹妃甸区固定资产投资在唐山市所占百分比来说明该区域对唐山的经济贡献,由2009—2014年数据分析发现,曹妃甸区固定资产投资占唐山市比例维持在 18.8％以上，2009 年达到峰值，占唐山市的 46.9％，之后有所回落，2014 年曹妃甸区固定资产投资占唐山市比例为 20.6％。综合来看，曹妃甸对整个唐山市固定资产投资贡献略有波动，在 2012 年达到最低值后，2013—2014 年有所提升。

表 5-7　唐山市、曹妃甸区历年固定资产投资（2009—2014 年）

固定资产投资	2009	2010	2011	2012	2013	2014
唐山市固定资产投资（亿元）	2180.86	2665.77	2546.11	3066.34	3633.61	4213.17
曹妃甸区固定资产投资（亿元）	1022.54	937.47	/	576.7	734.9	868.75
曹妃甸所占百分比（％）	46.9	35.2	/	18.8	20.2	20.6

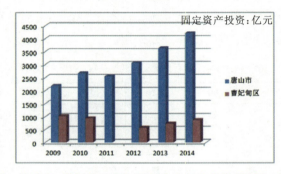

图 5-28　唐山市、曹妃甸区历年固定资产投资趋势（2009—2014 年）

5.3.2　曹妃甸工业区社会经济效益

5.3.2.1　经济效益

1）曹妃甸工业区四上企业收入与工业总产值

曹妃甸工业区 2012—2014 年度四上企业主营业务收入及工业总产值详见表 5-8，可以看出 2012—2014 年，四上企业主营业务收入变化有所波动，在 2013 年有所增长后，于 2014 年回落至 3060479 万元；而规模以上工业总产值则呈现逐年下降的趋势，从 2012 年的 3242289 万元降至 2014 年的 2672141 万元。

表 5-8　曹妃甸工业区 2012—2014 年度四上企业主营业务收入及工业总产值汇总表

年份	四上企业主营业务收入（万元）	规模以上工业总产值（万元）
2012	3067197	3242289
2013	3372315	3021094
2014	3060479	2672141

注：以上资料来源为曹妃甸工业区发改部门

表 5-9 曹妃甸工业区、曹妃甸区 2012—2014 年度经济数据比较

年份	曹妃甸工业区 规模以上工业总产值（万元）	曹妃甸区 地区生产总值（亿元）	曹妃甸工业区 所占百分比（%）
2012	3242289	356	91.1
2013	3021094	358	84.4
2014	2672141	390.2	68.5

从规模以上工业总产值和地区生产总值看（表 5-9），2012—2014 年期间曹妃甸地区经济呈现增长的趋势，而曹妃甸工业区规模以上工业总产值则呈现减小的趋势。曹妃甸区地区生产总值由 2012 年的 356 亿元增长到 2014 年的 390.2 亿元，曹妃甸工业区规模以上工业总产值由 2012 年的 324 亿元减少到 2014 年的 267 亿元。通过对曹妃甸工业区规模以上工业总产值在整个曹妃甸区所占百分比来说明曹妃甸工业区对曹妃甸区的经济贡献，由 2012—2014 年数据分析发现，曹妃甸工业区规模以上工业总产值占曹妃甸区地区生产总值比例维持在 68% 以上，2012 年达到峰值，占曹妃甸全区的 91.1%，之后逐年回落，2014 年曹妃甸工业区规模以上工业总产值所占比例约为 68.5%，对整个曹妃甸地区的经济贡献有所减弱。分析其原因为曹妃甸工业区以钢铁工业、港口码头为主要产业，当前全国港口产业处于结构性过剩的阶段，业内的竞争日趋激烈，钢铁市场陷入产能过剩，需求短期内难见好转，钢铁、港口产业均不景气，导致曹妃甸工业区的工业总产值逐年减少，对曹妃甸区的经济贡献也有所减弱。

2）曹妃甸工业区港口码头产业

曹妃甸工业区当前产业以港口码头产业为主，选取工业区内两大典型企业——唐山曹妃甸港口有限公司、唐山曹妃甸矿石码头有限公司 2014 年的经济统计数据进行说明（表 5-10），2014 年唐山曹妃甸港口有限公司的主营业务收入约为 11 亿元，货物吞吐量为 9662 万吨；唐山曹妃甸矿石码头有限公司 2014 年的主营业务收入约为 7.8 亿元，货物吞吐量约为 3794 万吨。

表 5-10 曹妃甸工业区港口码头产业 2014 年统计数据

指标	唐山曹妃甸港口有限公司	唐山曹妃甸矿石码头有限公司
主营业务收入（万元）	112545.45	78086.03
货物吞吐量（万吨）	9662	3794.34

注：以上资料来源为曹妃甸工业区国土部门

5.3.2.2 社会效益

目前曹妃甸工业区近期工程中入驻项目较多，曹妃甸工业区可分为钢铁工业区、港口码头区、综合服务区和加工工业区。钢铁工业区以首钢为核心，首钢东临工业区 1 号公路，西至港池边界，以期建立我国北部沿海地区重要的冶金工业基地，首钢北部为钢铁配套工业园区，目前建设有电厂、钢结构厂、板材加工制造、磨具加工制造、海水淡化等配

套设施,为钢铁产业提供坚实的配套支撑。港口码头区分为甸头码头区、煤码头区和通用泊位码头区。甸头码头区目前建成了原油码头、LNG 码头、矿石码头等,煤码头区目前建成三期煤码头、三期通用散货泊位等,通用泊位码头区目前建成三期通用码头、多用途泊位工程、散杂货物流中心等。综合服务区由纳潮河分为南北两片,北片是主中心,是整个工业区生活生产服务和管理的中心;南片是次中心之一,更加针对起步区近期建设需要。目前北片已形成了完整的行政管理和生活配套结构,建成了市政服务大厦、商贸服务中心、金融服务大厦、职工宿舍、医院等,南片也针对相关产业建成了配套设施,包括钢铁电力产业配套服务中心、伊泰广场、华郎大厦等。加工工业区目前已建成海水淡化装置生产基地、钢木家具生产基地、硬质合金制造、电站泵制造等,其产业已形成较大规模。综上可以发现,曹妃甸工业区目前各区块发展协调,产业集聚和规模效应明显,产业协同发展优势突出。

根据曹妃甸工业区国土部门提供的用海项目情况资料,在登记的 310 个用海项目中,涉及基础设施建设的项目共 59 项,占比 19%,其中已完工项目 45 项,在建项目 8 项,未开工项目 6 项。在已完工的项目中,通岛路工程、北环路工程、钢厂北路道路及绿化工程等,涉及公路建设及道路周边绿化的项目共 34 项,曹妃甸 220 kV 变电站项目 1 项,曹妃甸供水工程净水厂、曹妃甸工业区蓄水池项目等供水项目 2 项,曹妃甸检验检疫配套用地、用房工程 1 项,九年制学校项目 1 项,曹妃甸海洋气象灾害防御应急指挥中心项目 1 项,市政服务大厦项目 1 项,新建铁路唐山港曹妃甸港区曹妃甸车站项目 1 项,唐山市曹妃甸工业区污水处理厂项目 1 项,特勤消防站项目 1 项,综合医院项目 1 项。基础设施建设涉及道路交通、供水供电、污水处理、市政服务、消防、学校、医院、检验检疫、绿化、灾害防御等多方面内容,对曹妃甸工业区的基础民生、社会保障、教育医疗、防灾减灾起到了积极的促进作用。

5.3.3 小结

曹妃甸工业区区域用海规划实施以来,曹妃甸工业区(近期)填海面积达 92.64 km²,为唐山市整体发展拓展了巨大的空间;曹妃甸工业区所在的曹妃甸区生产总值占唐山市百分比保持在 5%以上,曹妃甸区固定资产投资占唐山市比例维持在 18.8%以上,为唐山市的经济发展做出了较大的贡献;曹妃甸港区吞吐量增长迅速,年均增长率高达32.5%,2013 年港区吞吐量突破 2 亿吨;完成通岛路等道路建设,建成九年制学校 1 所、综合医院 1 座,基础设施建设涉及供水供电、污水处理、消防、绿化、灾害防御等多方面内容,对曹妃甸工业区的基础民生、社会保障、教育医疗、防灾减灾起到了积极的促进作用。

5.4 规划实施进度评估

5.4.1 规划范围

曹妃甸工业区近期工程用海规划的范围为曹妃甸工业区 1 号公路以西到规

划二港池东岸延伸至北环路之间的区域,南至曹妃甸甸头的码头区,地理坐标为38°55′04″N～39°04′58″N,118°25′00″E～118°33′36″E(图5-29、图5-30)。

曹妃甸工业区近期工程规划用海面积为129.67 km²,其中填海造地用海面积为102.97 km²,规划区水域(包括港池、纳潮河、排洪渠)面积为26.70 km²。

图5-29 曹妃甸工业区中期工程用海规划功能分区(红框中范围)

图5-30 曹妃甸循环经济示范区近期、中期工程规划范围(不含生态城)

曹妃甸工业区近期工程区域建设规划的规划基准年为2008年,规划年限为3年,规划目标年为2010年(表5-11)。

表 5-11　曹妃甸工业区近期和中期工程年限

	2008	2009	2010	2011	2012	2013	2014	2015	2016	2017	2018	2019	2020
近期工程年限	■	■	■										
中期工程年限		■	■	■	■	■	■	■	■	■	■	■	■

5.4.2　规划前期建设情况

2003 年 3 月,曹妃甸开始启动水、电、路、讯等基础设施建设,到 2006 年底,唐山至曹妃甸通路工程全线贯通,供电一期工程建成投产,有线、无线通信设施投入使用,矿石专用码头一期工程建成通航。曹妃甸钢铁围海造地一期工程完工并形成陆域面积 11.95 km²;LNG 码头及储罐区造地工程形成了陆域 9.5 万平方米;2006 年度完成首钢协力区南片工业区(含华润电厂)的围填海造地和矿石码头一期工程。

2007 年曹妃甸工业区引进重点项目 63 个,完成投资 300 多亿元。到 2007 年底,曹妃甸工业区已经完成了填海造地的前期工作,包括通路路基工程和各填各项基础设施以及综合服务用地围填海造地地块的围堰工作,完成首钢协力区北片生活区、纳潮河两侧综合服务区、煤码头区、通用泊位码头区的围填海造地。原油码头于 2007 年底建成通航,煤炭码头完成起步区造地,形成陆域面积 25 万平方米。2008 年实施重点项目 83 个,全年投资 350 亿元。其中,首钢京唐钢铁厂、二十二冶钢构、北京联东 U 谷海洋工业园、巴西淡水河谷、威立雅(法国)环境服务中国有限公司等 30 多家国内外重点企业有的已竣工投产或正在兴建,有的签订了项目协议,投资总额逾 3000 亿元。曹妃甸通岛路工程、青林公路工程竣工,部分供水供电通信工程。唐曹高速建成通车,津秦铁路客运专线、承唐高速二期等工程开工建设,供水、供电等配套设施日臻完善。2005—2007 年,各项工程的项目开竣工时间见表 5-12。

到 2007 年底,已完成造地面积 75.46 km²,包括甸头矿石堆场、中石油、中石化原油首站、钢铁厂一期、电厂、二港池东侧公共港区、纳潮河两岸以及装备制造区部分地区、煤码头一期、冀东油田。正在实施造地面积 67.29 km²,包括装备制造区、纳潮河二港池西岸以及迁曹铁路东部钢铁产业区,见表 5-13。

表 5-12　2005—2007 年曹妃甸工业区各项工程的项目开竣工时间

工程名称	开竣工时间
煤码头通路路基工程	2005.09.05—2006.11.30
通路路基西扩工程	2005.11.30—2006.05.31
中石化原油码头围海造地工程	2005.11.12—2006.05.31
北环路路基工程	2006.12.05—2007.05.20
工作船码头及堆场工程	2006.10.01—2007.05.31

续表

工程名称	开竣工时间
绿化带基础填筑工程	2006. 12. 01—2007. 01. 15
商务中心造地工程	2006. 04. 10—2006. 04. 30
首钢协力区一期围海造地工程(含华润电力)	2006. 03. 25—2006. 12. 20
首钢协力区二期围海造地工程	2006. 08. 15—2006. 12. 31
曹妃甸杂货码头临时围堰工程	2006. 05. 18—2007. 08. 07
中石油原油码头工程(原 LNG 工程)	2006. 09. 01—2006. 11. 20
曹妃甸杂货码头吹填工程	2006. 05. 18—2007. 08. 07
大钢东南角造地工程	2007. 03. 15—2007. 04. 15
综合服务区一期围海造地工程	2006. 09. 01—2007. 10. 31
化工管线带围海造地工程	2007. 01. 01—2007. 10. 31
首钢协力区三期围堤工程	2007. 04. 01—2007. 12. 31
东南段海堤一期造地工程	2007. 02. 01—2007. 12. 31
东南段海堤内侧造地一期工程	2007. 08. 01—2007. 12. 31
化工管线带围海造地延伸工程	2007. 08. 01—2007. 12. 31
煤码头通路路基东段拓宽工程	2007. 07. 30—2007. 11. 12
北环路路基拓宽工程	2007. 07. 08—2007. 12. 31
杂货码头吹填二期工程	2007. 07. 01—2007. 10. 31

表 5-13　2007 年底填海造地进度表

分类	面积（km²）
已造地	75.46
在造地	67.30

5.4.3　填海造地实施进展

根据 2008—2010 年遥感影像图和现场监测，截至 2010 年，曹妃甸近期工程区总填海面积达到 80.09 km²，较 2008 年规划区总填海面积 77.79 km² 增加了 2.30 km²，完成曹妃甸工业区近期规划用海总面积的 75.53%。根据 2010—2014 年遥感影像图和现场监测，至 2012 年，曹妃甸近期工程区总填海面积达到 92.40 km²，较 2010 年曹妃甸近期工程区总填海面积（80.09 km²）增加 12.31 km²，即至 2012 年曹妃甸工业区完成近期规划用海总面积的 89.73%。至 2014 年，曹妃甸工业区完成近期规划用海总面积达到 92.64 km²，较 2012 年的增加了 0.24 km²，至 2014 年，曹妃甸工业区近期填海率达到 89.97%。详见表 5-14、图 5-31、图 5-32。

表 5-14　2008—2014 年曹妃甸工业区近期总填海造地面积情况

	2008	2010	2012	2014
总填海造地面积(km²)	77.79	80.09	92.40	92.64
完成规划填海比例(%)	75.55	77.78	89.73	89.97

图 5-31　2008 年和 2010 年曹妃甸近期、中期工程规划区土地面积变化

图 5-32　2012 和 2014 年曹妃甸近期、中期工程规划区域面积变化

5.4.4　规划区用海现状

　　2008 年 4 月至 2015 年 4 月，原国家海洋局和河北省海洋局批复的用海项目用海面积达 74.86 km²，占近期规划填海面积(129.67 km²)比例为 57.73%，即项目用海利用率(已批项目用海面积／规划总用海面积)为 84.93%。其中有 2.06 km²用海面积由于海域使用权正在出让而未利用。2008 年 4 月至 2015 年 4 月，原国家海洋局和河北省海洋局批复的用海项目使用近期填海造地面积达 59.76 km²，占近期规划填海面积(102.97 km²)

比例为58.03%，即项目填海利用率（已批项目填海面积／规划总填海造地面积）为51.86%，见图5-33。图中显示近40%的规划填海造地未得到利用或未得到批复，其中1.45 km² 填海面积由于目前该区域1302992013030001号等15宗海域使用权正在进行出让而未在使用。其中2008—2010年，批复的用海项目为80项，使用近期填海造地面积为17.92 km²；2011—2014年，批复的用海项目为126项，使用近期填海造地面积为41.83 km²，包括15宗海域使用权出让区域。

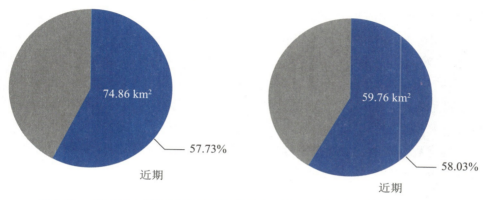

图5-33 曹妃甸工业区近期工程项目用海利用率（左）和项目填海利用率（右）

根据遥感数据解译及实地踏勘，到2014年，曹妃甸工业区近期工程已建在建项目面积为67.76 km²。曹妃甸工业区近期工程开工建设率（已建、在建项目总面积／填海造地面积）为73.15%，如图5-34所示。

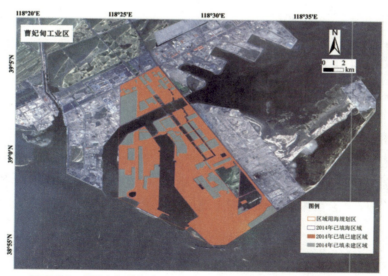

图5-34 2014年曹妃甸工业区近期工程已建项目区域示意图

表 5-15　2014 年曹妃甸工业区近期工程填海用海指标汇总

填海率(%)	89.97
项目用海利用率(%)	57.73
项目填海利用率(%)	58.03
开工建设率(%)	73.15

至 2014 年，曹妃甸工业区近期、中期工程总填海造地面积达到 183.67 km²，填海率为 96.43%。已批复用海项目面积为 106.79 km²（近期工程项目围海面积 74.86 km²；中期工程项目用海面积 31.93 km²），其中已批项目填海面积为 89.82 km²（近期工程项目填海面积 59.76 km²、中期工程项目填海面积 30.06 km²），港池航道等其他用海项目用海面积为 16.97 km²。曹妃甸工业区近期、中期工程项目用海利用率（已批项目用海面积／规划总用海面积）为 46.09%，项目填海利用率（已批项目填海面积／规划总填海造地面积）为 47.16%（表 5-16）。

根据遥感数据解译及实地踏勘，到 2014 年，曹妃甸工业区近期、中期工程已建在建项目面积为 95.27 km²。曹妃甸工业区近期、中期工程开工建设率（已建、在建项目总面积／填海造地面积）为 51.87%（表 5-16）。

表 5-16　2014 年曹妃甸工业区近期、中期工程填海用海指标汇总

填海率(%)	96.43
项目用海利用率(%)	46.09
项目填海利用率(%)	47.16
开工建设率(%)	51.87

曹妃甸工业区近期工程区域目前填海面积达 92.6 km²，已完成规划填海造地目标计划的 89.97%，填海率较高，位居三个规划区之首；曹妃甸工业区近期工程的年均填海增长率为 3.0%，表明该区域已处于填海建设的末期阶段，填海面积增长重点已转移至中期工程区域；曹妃甸工业区近期工程区域的项目用海利用率为 57.73%，项目的批复入驻速度与数量均处于平均水平范围；而在项目填海利用和开工建设水平方面，曹妃甸工业区近期工程区域具有较高的项目填海利用率和开工建设率，分别为 58.03% 和 73.15%，反映出曹妃甸工业区近期工程区域目前处于由规模性填海建设阶段转为项目审批进驻与开工建设阶段，也潜在体现出曹妃甸工业区潜在的区位优势、高效以及较强的资金投入力度。

06 渤海新区围填海效应综合评估

6.1 自然地理概况

6.1.1 气候特征

本区域属暖温带湿润季风气候区,因为靠近渤海而略具海洋气候特征,季风显著,四季分明。春节干燥,易发生春旱;夏季潮湿多雨;秋季秋高气爽,常有秋旱;冬季干燥寒冷,雨雪稀少。

1)气温

本区域年平均气温 12.2 ℃,历年最高气温 37.7 ℃(1981 年 6 月 7 日),历年最低气温 -19.5 ℃(1983 年 12 月 30 日)。年日平均气温最高一般为 25℃~26℃,出现在 7、8 月份;年日平均最低气温为 -4.7 ℃,出现在 1 月份;年日平均气温低于 -5 ℃的天数为 71 天,低于 -10 ℃的天数为 23.8 天。

2)风向

根据统计分析,该区常风向为东向,次常风向为西南向,其出现频率为 10.5% 和 9.8%;强风向为东向和东东北向,该向 ≥6 级风的频率为 1.2%。各向 6 级以上大风发生频次:2003 年发生 36 天,历时 234 小时;2004 年发生 62 天,历时 258 小时。2005 年热带风暴(麦莎)过境,该地区风力达到 8 级,最大风速达到 18.3 m/s。

3)降水

本区域年平均降水量 501 mm,历年最大年降水量 719.40 mm(1984 年),历年最小年降水量 336.8 mm(1982 年),历年最大一日降水量 136.8 mm(1981 年 7 月 4 日)。

降水量主要集中在 6、7、8 三个月,占全年降水量的 70% 以上。年内日降水量大于 25 mm(大雨)的天数平均 7 天。年最多降水日 66 天,年最少降水日 49 天。

4)雾况

雾日多发生在秋、冬两季。年平均雾日数为 12.2 天,最多 20 天。

5）湿度

多年平均相对湿度为64%。7月份相对湿度大，月平均相对湿度达76%，5月份干燥，相对湿度仅为50%。

6.1.2 海洋水文

1）不正规半日潮汐与规则半日潮流

黄骅港海域潮汐类型属于不正规半日潮，最高潮位5.71 m（1992年9月1日），最低潮位-0.07 m，平均高潮位3.58 m，平均低潮位1.26 m，最大潮差4.14 m，平均潮差2.30 m，年平均海面2.03 m，平均涨潮历时5小时51分，平均落潮历时6小时41分。

黄骅港海域潮流性质属规则半日潮流，浅水海域对潮流的影响较大，潮流运动形式以旋转流为主的混合运动形式。

2）风海流与余流

海流除了潮流以外，还包括风海流（风吹流）与余流（沿岸流）。风海流对表层泥沙的输移方向有明显的影响，当风力增加到6级以上时，表层余流显示出风吹流性质，余流流向与风向一致。本区的余流相对于潮流来说是十分微弱的，但它指示出该区域泥沙输送的方向。

海流在本海区的综合作用所造成的水质点运移距离，根据资料计算，在0～9.5 m等深线范围内，黄骅港附近小质点最大运移距离为10～13 km，在垂直于等深线的方向上，最大运移长度为7～10 km。

3）波浪

该海域的波浪以风浪为主，涌浪为辅，其风浪频率为66.8%，以涌浪为主的混合浪频率为27.1%。波流小于1.0 m的波浪占72%。大口河流域实测$H_{1/10}$最大波高为3.78 m（1984年10月25日），对应的$H_{1/10}$最大波高为4.5 m，周期为7.4s。全年常浪向为东向，频率为10.6%，次常浪向为东东北向，频率为9.38%，强浪向为东北向，频率为6.98%。

4）风暴增水

风暴潮是由天气过程和周期性潮汐相结合而产生的一种灾害性水位骤涨现象。本区最为严重的风暴潮发生在1939年，水位达6 m，狼坨子一带的贝壳堤及海堤被冲毁，海水深入陆地。近30年来，本区严重的风暴潮发生5次之多，增长2～3 m。1964年曾出现增水2.09 m，1969年曾出现增水2.03 m。风暴潮季节变化明显，冬半年以减水为主，夏半年以增水为主。

6.1.3 地形地貌

黄骅市位于河北省平原东部、渤海湾西岸，地势低平，自西向海岸微倾斜。黄骅港所在区域地处滨海平原东端，渤海西岸，处于大陆与海洋的交接处，地貌特征主要为平原地貌和海岸地貌。内陆平原地貌由于受河流冲击,造成河湖相沉积不均及海相沉积不均,有微型起伏不平的小地貌,即一些相对高地和相对洼地,其中洼地近海,海拔高程为 1 ~ 5 m,相对高地海拔高程为 7 m 左右。

本区在大地构造单元上处于新华夏系华北沉降带上的埕(口)宁(津)隆起带的北部边缘,西北侧为黄骅港断陷区,东南侧为济阳坳陷区。埕宁隆起带走向为向北西凸出的弧形。大量研究资料证明,本区地震活动微弱,属于相对稳定地区。

海岸地貌为海浸又转化为海退以后形成。本区域海岸为典型的粉砂淤泥质海岸,由淤泥质粉砂和粉砂质黏土组成的海积平原,地势十分平坦,标高小于 4 m,平均坡降 0.4×10^{-3},位于岸线上的贝壳堤是其最醒目的地表形态。潮流是本区地貌发育的最主要动力,波浪对岸线的侵蚀与堆积作用亦十分明显。特大风暴引起的增水可波及 10 km 以外的陆地,因而本区陆上部分属潮间带范围,贝壳堤以下有宽 5 km 以上的潮间带,0 ~ −15 m 等深浅海域是浅显、广阔的海湾潮流三角洲形成的浅海陆架平原。

从 1959—1983 年 24 年中,黄骅港海区滩面基本处于相对平衡状态:−5.0 m 等深线以内有少量淤积,−5.0 m 等深线以外有少量冲刷,冲刷深度为 0.2 m(华东师范大学 1987 年报告)。对比 1983—2001 年的海图可知,航道以北 −2.0 m 等深线以内处于冲刷状态,−5.0 m 等深线以外处于淤积状态;航道以南 −5.0 m 等深线以内处于冲刷状态,−5.0 m 等深线以外处于淤积状态;在开挖前外航道大部分位置处于淤积状态,规划港区附近处于冲刷状态。

6.1.4 自然灾害

1)热带气旋

热带气旋是渤海海区夏季的主要灾害性天气系统。热带气旋按其中心附近的平均最大风力可分为台风、强热带风暴、热带风暴、热带低压。由于黄骅港海域所处纬度较高,热带气旋到达本区已经减弱成为热带风暴或热带低压。每年进入渤海的这类气旋平均为 26 个。其中,夏季最多,为 15 个;春、秋季各约 5 个;冬季 1 个。热带气旋进入渤海海域时,有时风力 9 级以上,常常导致大风、暴雨、增水等灾害发生。气旋在渤海一般移动较快,持续时间较短,往往突然产生恶劣海况,对作业产生灾害性影响。据近百年的台风路径统计,台风平均每 3.8 年在渤海出现一次,也有一年出现两次的记载。

2)寒潮

寒潮是来自西伯利亚的冷空气侵袭。寒潮经过渤海时,伴随地面的冷高压活动,冷高压前有一冷锋。冷锋过境出现大风和急剧降温,可使海面发生 7 级乃至 9 级以上的偏北风,过程降温大于 10 ℃。这类强寒潮一般每年出现 2 ~ 3 次。渤海伴有偏北大风的冷空气活动一般出现在 10 月中旬至次年 4 月。在此期间,每 7 ~ 10 天即出现一次。冷锋过境时,海面风速一般在 6 级以上,持续时间一般 1 ~ 2 天,个别长达 3 天。冷空气寒潮大风过境是该海区产生大浪的主要天气系统。

3）风暴潮

渤海湾沿岸是风暴潮较强地区之一,本区的风暴潮主要有台风风暴潮和温带风暴潮两种类型。台风风暴潮,多见于夏秋季节。其特点是来势猛、速度快、强度大、破坏力强。我国沿海地区均有台风风暴潮发生。温带风暴潮,多发生于春秋季节,夏季也时有发生。其特点是增水过程比较平缓,增水高度低于台风风暴潮。

据不完全统计,自1953年到2003年,沿海共发生较大的风暴潮20余次。其中,1992年9月1日,16号热带风暴形成的风暴潮,使沧州、唐山等地沿海基础设施和海水养殖业遭受重大损失;1997年8月20日,9711号台风形成的风暴潮,造成全省沿海养殖业、电力、盐业等行业的经济损失超过10亿元;2003年10月11～12日发生的特大温带风暴潮,使沧州、唐山沿海池塘养殖和盐业生产设施以及秦皇岛沿海筏式养殖遭受重创,部分再建海洋工程受损,直接经济损失5.84亿元。

4）海冰

本区海域,在一般年份自12月上旬至2月下旬为结冰期,其中1月和2月冰情较严重,称为盛冰期。本区年最长冰期为108天,最短冰期为64天,固定冰厚为10～30 cm,浮冰厚为5～15 cm。

6.2 海洋生态环境影响评估

根据《沧州渤海新区近期工程区域建设用海动态跟踪评估报告(2012—2014年)》,沧州市海洋环境监测站2012—2014年连续对渤海新区海水水质、沉积物和生态环境进行了跟踪监测。

6.2.1 海水环境质量

水质监测项目有pH、盐度、溶解氧、化学需氧量(COD)、无机氮、活性磷酸盐、悬浮物、油类、重金属(汞、镉、铅、铬、砷、铜)。采用单因子污染指数评价方法进行了评价,结果显示,渤海新区无机氮为主要污染物,化学需氧量(COD)、汞个别站位超标,其余监测指标均满足相应功能区海域水质标准。

1）无机氮

无机氮是渤海新区主要污染物。2012—2013年渤海新区无机氮污染严重,且呈下降趋势,浓度在0.5 mg/L以上,为超四类海水水质;无机氮超标率在95%以上,最大超标倍数为9.8倍,出现在2013年8月。无机氮随季节变化明显,8月无机氮浓度高于5月,与丰水期降水量增多有关。2014年,渤海新区无机氮平均浓度为0.270 mg/L,较2013年降幅达67%,已恢复至二类海水水质标准,70%监测站位无机氮含量未超出二类海水水质标准,这与沧州海区无机氮浓度明显下降有关。

在2012—2014年对渤海新区实施跟踪监测期间,无机氮变化趋势与沧州市海区基本一致,呈下降趋势,2012—2013年,渤海新区无机氮浓度要高于沧州整个海区,2014

年基本持平。这表明渤海新区无机氮污染主要受海区无机氮含量较高影响,渤海新区工程施工对该海域无机氮污染有一定的贡献。随着渤海新区围填海工程进入后期阶段,工程规模和围填海速度有所下降,渤海新区无机氮浓度下降至海区水平。

与2008年数据相比,渤海新区无机氮浓度在2008—2014年呈现先升高后下降的趋势,这进一步说明渤海新区工程施工对该海域造成一定的无机氮污染。2008—2014年渤海新区无机氮含量变化趋势与沧州海区对比见图6-1。

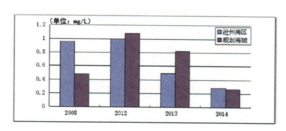

图6-1   2008—2014年沧州海区与渤海新区(规划海域)无机氮含量变化对比图

2)化学需氧量

2012—2014年,渤海新区化学需氧量平均含量较低,均未超出二类海水水质标准,每年有1～3个站位达到三类海水水质标准要求,从超标率和超标倍数方面看,化学需氧量对水质影响较小。

3)汞

2012—2014年,渤海新区海水中汞含量存在不同程度的超标。2012年渤海新区汞含量变化范围为0.0125～0.0216 μg/L,未出现超标现象;2013年汞含量存在季节差异,4月份各监测站位汞含量全部达标,8月份汞含量则迅速上升,含量为0.174～1.20 μg/L,超标率高达89.5%,最大超标倍数为6.00;2014年部分监测站位汞含量出现超标现象,变化范围为0.0436～14.5 μg/L,超标率达到20.5%,最大超标倍数为29,与2008年相当。相对2008年来说,汞污染在该海域仍存在。

4)其他指标

2012—2014年,渤海新区溶解氧、活性磷酸盐、石油类、砷、铅、镉、铜、铬等指标平均含量较低,均未超出二类海水水质标准,各站位均满足其所在功能区水质要求。

6.2.2 近岸海域沉积物质量

根据2012—2014年沉积物监测结果分析,沉积物质量状况总体良好,其中硫化物、石油类、汞、铜、铅、锌、镉、铬含量均未超出一类海洋沉积物质量标准;砷在2013、2014年有所升高,存在砷潜在污染风险;有机碳在2014年有70%站位符合二类海洋沉积物质量标准,其余站位仍为一类沉积物质量标准。

通过对2012—2014年海洋沉积物中砷含量的变化分析(图6-2),砷在2012年处于较低水平,未超出一类沉积物质量标准;2013年砷平均含量达到36.4×10^{-6},达到二类沉积物质量要求,较 2012 年增加 4 倍;2014 年砷含量下降,平均含量为 18.4×10^{-6},恢复至一类沉积物质量要求($\leq 20\times10^{-6}$)。与 2008 年相比,2013、2014 年该海域沉积物中砷含量较高。

监测结果显示,渤海新区沉积物中砷和有机碳较规划实施前有所升高,需持续关注。

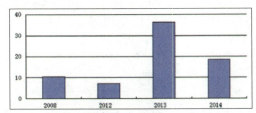

图 6-2　2008—2014 年渤海新区沉积物中砷含量变化图(单位:$\times10^{-6}$)

6.2.3　近岸生态环境质量

调查结果显示,根据叶绿素 a 浓度,2008—2014 年渤海新区近岸海域初级生产力变化过程为先提高后减弱再提高。根据多样性指数指标,2013—2014 年该海区浮游植物生境质量等级为"优良",较 2008 年、2012 年有所好转(图 6-3)。浮游动物生境质量较差,底栖动物生境质量一般。

叶绿素 a 是表征海洋初级生产力最简便、最常用的指标,在衡量海水富营养化程度上具有重要的指示作用。一般认为,当监测中发现叶绿素 a 含量超过 10 mg/L 并有继续增高的趋势时,就预示赤潮可能即将发生;当叶绿素 a 含量大于 20 mg/L 时,说明赤潮即将或已经发生。通过对 2012—2014 年渤海新区的叶绿素 a 含量的跟踪监测,叶绿素 a 含量总体处于中等水平,处于 10 mg/L 以下,有个别站位超过 10 mg/L。叶绿素 a 含量较 2008 年略有上升。

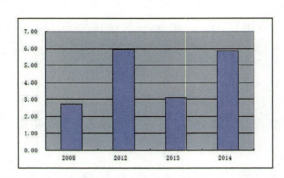

图 6-3　2008—2014 年渤海新区叶绿素 a 规划实施前后对比图(单位:mg/L)

浮游植物是海洋生态系统一最主要的自养生物,包括硅藻、甲藻、蓝藻、金藻、绿藻、黄藻等,是海洋初级生产力的重要组成部分。根据 2014 年浮游植物监测结果,渤海新区浮游植物生态状况总体良好。浮游植物种类数量为 68 种,包括 58 种硅藻与 10 种甲藻,优势种($Y \geq 0.02$)有 8 种,全部为硅藻,分别为斯氏根管藻(*Rhizosolenia* stoltefothii)、薄壁几内亚藻（*Guinardia* delicatula）、扭链角毛藻（*Chaetoceros* tortissimus）、旋链角毛藻（*Chaetoceros* curvisetus）、双孢角毛藻（*Chaetoceros* didymus）、暹罗角毛藻（*Chaetoceros* siamense）、发状角毛藻（*Chaetoceros* crinitus）、尖刺伪菱形藻（*Pseudo-nitzschia* pungens）。丰度变化范围为 $0.81 \times 10^6 \sim 52.50 \times 10^6$ 个/立方米，平均为 13.31×10^6 个/立方米。2012—2014 年期间，浮游植物在种类数量和丰度方面均较规划实施前期的 2008 年显著增加（图 6-4）。

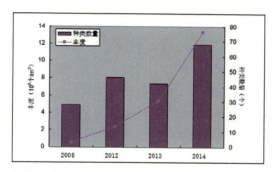

图 6-4　2008—2014 年渤海新区浮游植物种类数量与丰度变化图

　　浮游植物在生物多样性方面也有明显改善（图 6-5）。2012—2014 年，浮游植物多样性指数（H'）呈现增长趋势，均匀度（J）、丰富度（d）有所提高，尤其是 2013—2014 年，各项指数增速低于 2012—2013 年，标志着浮游植物生物多样性条件有明显改善，且趋于稳定。根据 H' 值判别标准，2013—2014 年，浮游植物生境质量等级为"优良"，较 2008 年、2012 年有所好转。

　　值得注意的是，甲藻种类数量有所增加，浮游植物群落结构组成有所变化。2004 年夏季沧州海域甲藻种类数量为 2 种，而周边海域 2014 年甲藻种类数量增加至 10 种。从物种数量、丰度以及生物多样性方面，2007—2012 年浮游植物生态状况相对较差，2012—2014 年监测期间有所改善。

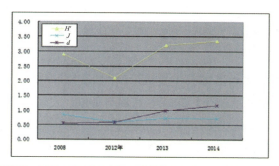

图 6-5　2008—2014 年渤海新区浮游植物生物多样性指数变化趋势图

　　浮游动物通过摄食影响或控制初级生产力，同时其种群的动态变化又可能影响许多鱼类和其他动物资源群体的生物量。

2014年调查结果显示,大型浮游动物种类数量为25种,平均密度为155.02 ind/m³,平均生物量为526.14 mg/m³,优势种($Y \geqslant 0.02$)有锡兰和平水母(*Eirene cylonensis* Browne)、球形侧腕水母(*Pleurobrachia globosa* Moser)、强壮箭虫(*Sagitta crassa* Tokioka)和长尾类幼体(*Macrura* larva);生物多样性总体良好,多样性指数除3、21两站位外均处于2~3,平均为2.23,生境质量等级为"一般";均匀度与丰富度均处于一般水平。中、小型浮游动物共发现27种,平均密度为20267.3 ind/m³,优势种有夜光虫(*Noctiluca scientillans* Kofoid et Swezy)、小拟哲水蚤(*Paracalanus parvus* Claus)、双壳幼体(*Bivalve* larva)与海胆长腕幼虫(*Echinopluteus* larva);生物多样性明显差于大型浮游动物,多样性指数波动性较大,波动范围为0.31~2.44,平均为1.48,均匀度平均为0.38,明显偏低,丰富度平均为1.09,处于较低水平,其生境质量等级为"差"。

通过将2004年、2008年及2012—2014年大型浮游动物生物多样性指数对比发现(图6-6),浮游动物生态状况较稳定,呈波动性上升趋势,规划用海范围内的工程施工未对该海域浮游动物生态状况造成破坏性影响。

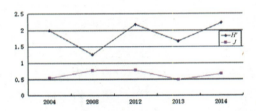

图6-6　2004—2014年渤海新区浮游动物生物多样性指数变化趋势图

但是,在2012—2014年监测过程中,浮游动物群落结构组成不合理,已偏离正常水平,浮游幼虫类、水母类种类数量有所增加,已成为该水域重要的浮游动物类群,桡足类在该水域优势种组成中减少明显,夜光虫连续3年为优势种,少数站位夜光虫密度较高,存在潜在的赤潮风险。

目前,大型底栖生物已被广泛地用来指示海洋环境质量状况,而其种类组成、群落结构参数等指标能够更准确地反映环境的长期、宏观变化。近些年,沧州海域受围填海工程、航道疏浚等海洋工程施工影响,直接侵占或扰动底栖生物的生境,导致大型底栖生物资源受到严重影响。

根据监测结果,大型底栖生物在种类数量、栖息密度和生物量方面较2008年均显著增加,生物种类组成也发生了转变。2012—2014年期间,大型底栖生物种类数量在29种以上,2013年高达40种,以软体动物为主,环节动物多毛类降至第2位,从不同类群种类数量组成可以看出,作为不同栖息环境的生物指示类群(多毛类指示污染底质,软体动物指示良好底质),底质环境已有明显改善。平均栖息密度以2012年最低,为95 ind/m²,2014年高达204 ind/m²;总生物量以2013年最低,为16.96 g/m²,2014年高达57.97 g/m²。栖息密度与生物量均较2008年显著增加。在栖息密度与生物量组成中,均以软体动物居首位,其次为棘皮动物,两栖类生物在栖息密度与生物量组成中的占比之和在80%以上。

大型底栖生物生物多样性有所改善,其多样性指数呈现增长趋势(图6-7),由2012年的2.01提高到2014年的2.52,生境质量等级为"一般",较规划实施前期的2008年出现显著改善;均匀度在0.75以上,波动范围较小,总体较均匀;丰富度在2012—2014年较平稳,在1.0附近,总体偏低。

从整体上看,渤海新区的大型底栖生物各项参数均有所改善,但受渤海新区海洋工程施工影响,在港池、航道附近水域的大型底栖生物生态状况较差,如2014年3站位在监测时正在清淤施工,未采集到大型底栖生物;位于航道内的11站位,频繁的疏浚活动导致栖息密度和生物量最低,以小型生物种类为主。

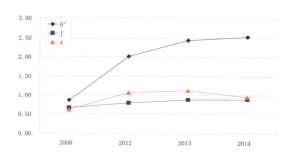

图6-7 2008—2014年渤海新区大型底栖生物多样性指数变化趋势图

6.2.4 水动力环境变化

1)对区域潮汐结构的影响

从沧州渤海新区附近海域规划前后同潮图对比可以看出,沧州渤海新区附近海域四个主要分潮的同潮图分布基本一致,没有太大的变化,说明潮汐结构变化不大。其中 M_2 分潮振幅在沧州渤海新区附近海域为 0.55～0.8 m,迟角为 60°～85°。由等振幅线和等迟角线对比图可以看到(图6-8),规划实施后,沧州渤海新区附近海域的 M_2 分潮等振幅线略向东偏;等迟角线在规划后略向南偏转。从沧州渤海新区附近 S_2 分潮在规划前后的变化可以看出(图6-9), S_2 分潮潮汐同潮图在规划前后变化不大,潮汐结构基本一致, S_2 分潮振幅分布在 0.1～0.15 m,迟角分布在 145°～170°。由等振幅线和等迟角线对比图可以看到,规划实施后,沧州渤海新区海域 S_2 分潮等振幅线略向东偏;规划后等迟角线分布与 M_2 相似,往南偏转。从沧州渤海新区附近 K_1 分潮在规划前后的变化可以看出(图6-10), K_1 分潮潮汐同潮图在规划前后变化不大,潮汐结构基本一致, K_1 分潮振幅分布在 0.36～0.38 m,迟角分布在 140°～150°。由等振幅线和等迟角线对比图可以看到,规划实施后,沧州渤海新区附近东部海域 K_1 分潮等振幅线略向东偏;规划后等迟角线分布往南偏转。从沧州渤海新区附近 O_1 分潮在规划前后的变化可以看出(图6-11), O_1 分潮潮汐同潮图在规划前后变化不大,潮汐结构基本一致, O_1 分潮振幅分布在 0.23～0.24 m,

迟角分布在 95°～100°。由等振幅线和等迟角线对比图可以看到,规划实施后,沧州渤海新区附近海域 O_1 分潮等振幅线略向东偏;规划后等迟角线分布与 K_1 分潮相似,略向南偏转。

从沧州渤海新区附近 M_4 分潮在规划前后的变化可以看出(图 6-12), M_4 分潮潮汐同潮图在规划前后变化不大,潮汐结构基本一致, M_4 分潮振幅分布在 0.015～0.075 m,迟角分布在 0°～360°,规划区东北海域有一个无潮点。从等振幅线和等迟角线对比图可以看到,规划实施后,沧州渤海新区外海海域 M_4 分潮等振幅线往近岸方向偏移;规划后等迟角线分布与规划前相比,无潮点位置基本不变。

从沧州渤海新区附近 MS_4 分潮在规划前后的变化可以看出(图 6-13), MS_4 分潮潮汐同潮图在规划前后变化不大,潮汐结构基本一致, MS_4 分潮振幅分布在 0.005～0.055 m,迟角分布在 0°～360°,规划区东北海域有一个无潮点。与 M_4 分潮类似,从等振幅线和等迟角线对比图可以看到,规划实施后,沧州渤海新区外海海域 MS_4 分潮等振幅线往近岸方向偏移;规划后等迟角线分布与规划前相比,无潮点位置不变。

从沧州渤海新区附近 M_6 分潮在规划前后的变化可以看出(图 6-14), M_6 分潮潮汐同潮图在规划前后变化不大,潮汐结构基本一致, M_6 分潮振幅分布在 0.002～0.022 m,迟角分布在 0°～360°,规划区东北海域有一个无潮点。与 M_4 分潮类似,从等振幅线和等迟角线对比图可以看到,规划实施后,沧州渤海新区外海海域 M_6 分潮等振幅线往近岸方向偏移;规划后等迟角线分布与规划前相比,无潮点位置向东北方向稍有偏移。

2)对区域潮流的影响

为反映渤海新区区域建设用海区 M_2、S_2、K_1 和 O_1 四个主要分潮的潮流椭圆在规划实施后的变化特征,绘制了 M_2、S_2、K_1 和 O_1 四个主要分潮在渤海新区用海规划实施前和规划实施后的叠置图(图 6-15)。从对比图可以看出,规划建设对大区域的潮流椭圆参数影响不大,规划实施后,仅对规划建设周边海域的潮流椭圆参数有影响,其影响大多体现在潮流椭圆的方向,主要是因为填海造地工程对原自然岸线产生了较大变化所致,最大分潮流速基本不变。

3)对区域冲淤环境的影响

引用河北省地矿局第四水文工程地质大队的测量成果(将所有资料均归化到 WGS-84 坐标系,断面高程基准均为当地理论深度基准面,所有断面起点均为近岸点,其中横轴为离岸距离(km),纵轴为高程(m),见图 6-16。从长时间尺度看,该区域基本为冲淤平衡状态,略有侵蚀,从近期监测结果看处于冲淤平衡状态,呈轻微淤积。

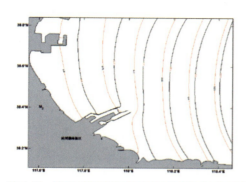
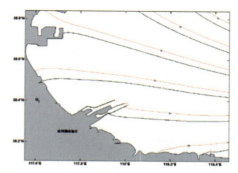

图 6-8　沧州渤海新区用海规划实施前（红线）后（黑线）M_2 分潮等振幅线图（左）和同潮时图（右）

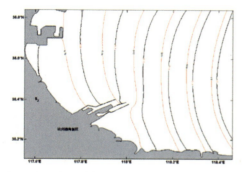
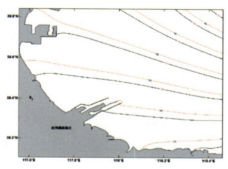

图 6-9　沧州渤海新区用海规划实施前（红线）后（黑线）S_2 分潮等振幅线图（左）和同潮时图（右）

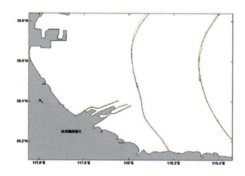
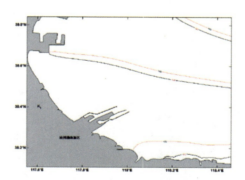

图 6-10　沧州渤海新区用海规划实施前（红线）后（黑线）K_1 分潮等振幅线图（左）和同潮时图（右）

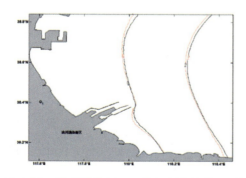
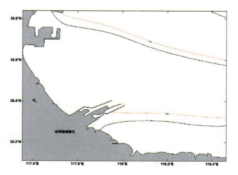

图 6-11　沧州渤海新区用海规划实施前（红线）后（黑线）O_1 分潮等振幅线图（左）和同潮时图（右）

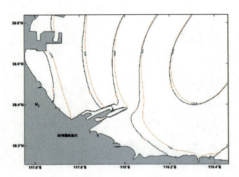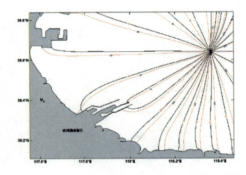

图 6-12　沧州渤海新区用海规划实施前(红线)和实施后(黑线)M_4分潮等振幅线图(左)和同潮时图(右)

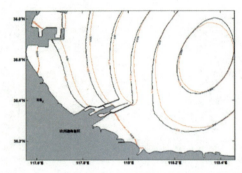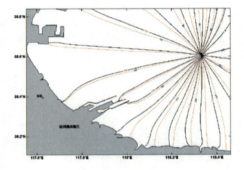

图 6-13　沧州渤海新区用海规划实施前(红线)和实施后(黑线)MS_4分潮等振幅线图(左)和同潮时图(右)

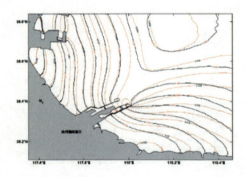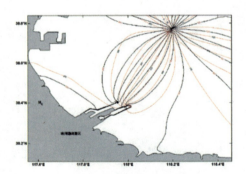

图 6-14　沧州渤海新区用海规划实施前(红线)和实施后(黑线)M_6分潮等振幅线图(左)和同潮时图(右)

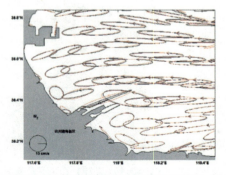

图 6-15　沧州渤海新区用海规划实施前(红线)后(黑线)M_2分潮潮流椭圆分布

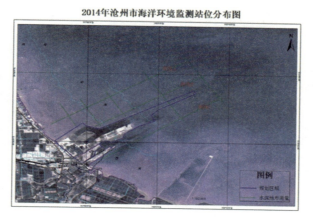

图 6-16　水深地形观测断面图

断面测量结果显示,监测 A、B、C 三断面均呈不同程度的淤积趋势(图 6-17)。位于冯家堡以北的 A 断面 2012—2014 年期间处于冲淤平衡状态,呈轻微淤积,平均淤厚 0.1 m,淤积速率为 0.05 m/a,由近岸到远岸淤积程度呈递增趋势。位于综合大港北侧紧邻防波堤的 B 断面水深淤积趋势最为明显,平均淤厚 0.36 m,其中,2013—2014 年淤积程度大于 2012—2013 年时间段,在综合大港北侧防波堤根部淤积最为严重,最大淤积为 0.5 m,这与 20 万吨航道防波堤延伸工程对该海域掩蔽影响有关;在最东段水深变浅,此处恰好位于黄骅港 C1 临时倾倒区。大口河 C 断面总体呈淤积趋势,平均淤厚 0.50 m;在 -5 m 水深以内海域基本达到冲淤平衡,略显淤积,-5 m 以外淤积程度加大,2012—2014 年淤积厚度逐渐增加,最大淤积厚度为 0.95 m。

结合 2012—2014 年水动力观测数据可以看出(图 6-18),处于 A 断面附近的 6 站位与处于 C 断面的 12 站位流速出现下降,对泥沙的输运能力下降,此外,二者的潮流运动形式不一致,是致使 C 断面淤积程度高于 A 断面的重要原因之一。B 断面与综合大港北侧防波堤相邻,处于其掩蔽范围内,位于防波堤北侧根部的 21 站位落急时刻流速较规划实

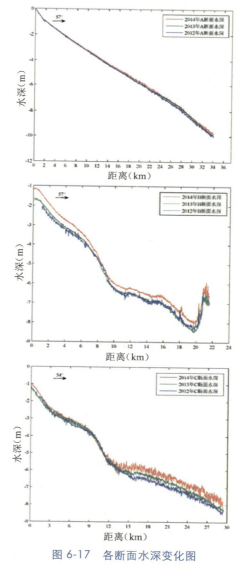

图 6-17　各断面水深变化图

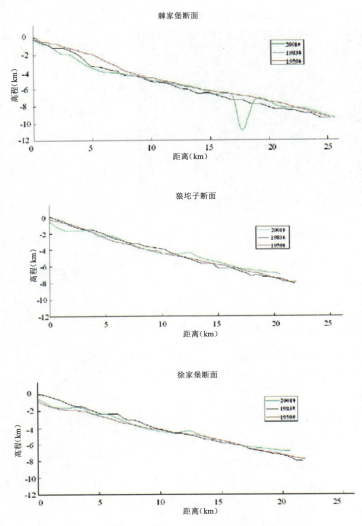

图 6-18　棘家堡、狼坨子、徐家堡前沿水下地形变化图

施前下降 15%，易成为落淤区，正好印证了 B 断面 -4 m 水深以浅海域的淤积。

与历史断面观测数据对比发现，冲淤环境发生了转变，规划海域周边以淤积为主。黄骅港以南大口河海域（原棘家堡断面）在 1983 年之前为冲刷区，冲刷最大的区域位于水深 -4 ～ -3 m；到 2001 年该断面仍显冲刷，冲刷区域缩小至 -5 m 水深以内，以外海域表现一定量的淤积。2001 年黄骅港神华煤码头港区建成运营后至 2014 年黄骅综合大港 20 万吨级航道防波堤延伸工程完工，造成该海域淤积范围进一步扩大，-5 m 以浅海域的侵蚀转为冲淤平衡，以微淤积为主，-5 m 以深海域淤积趋势更为明显。

狼坨子断面位于黄骅港煤炭港区北侧，在 1983 年前后冲淤环境变化最为明显，1959—1983 年该断面 -5 m 水深以内有少量淤积，-5 m 以外出现微量冲刷；1983—2001 年，-5 m 水深以内转为冲刷为主，-5 m 以外断面明显变为淤积状态，淤积速率为 0.03 m/a。受黄骅港防波堤影响，2001 年之后狼坨子断面的冲淤环境发生了改变。2010—2014 年期间，在黄骅港北侧，新建了黄骅综合大港，该断面已被综合大港用海所使用，从综合大港防波堤北侧 B 断面观测数据显示，该海域已完全转为淤积状态。

徐家堡断面位于徐家堡村以北，在 1983 年前后也发生了变化，由于本项目北侧观测 A 断面位于冯家堡村以东海域，两断面相距约 10 km，可比性较差。但从整体趋势上看，该海域的 -5 m 以内的冲刷得到了遏制，总体达到冲淤平衡状态，略显淤积。

6.2.5　小结

基于 2012—2014 年水质监测资料统计，渤海新区主要水质污染物为无机氮，与整个渤海湾区域的污染物种类较一致,COD和汞个别站位超标,其余监测指标均满足相应功能区海域水质标准。与2008年数据对比可知,渤海新区工程施工对该海域造成一定的无机氮污染。

区域沉积物质量状况总体良好,但砷和有机碳含量较规划实施前有所升高。砷存在潜在污染风险,有机碳含量2014年有70％站位超出海水一类水质标准,有待进一步核实含量增加原因。

表征近岸海域初级生产力的叶绿素a含量与规划前基本持平,浮游植物生境质量等级较2008年有所好转,但浮游动物生境质量较差。由于区域吹填造陆,港池、航道的开挖,底栖动物生境质量一般。

规划实施后整个渤海海区的四个主要分潮(M_2, S_2, K_1和O_1)的潮汐结构基本没有明显变化,但个别浅水分潮的潮汐结构发生了一定变化。区域建设用海规划区实施后,虽然对渤海湾整个海湾的水交换率产生的影响不是很明显,但会对渤海海域水质环境的改善产生一定压力;由于渤海新区地处渤海湾的余流场辐散处,故渤海新区周边海域的水交换率均呈现下降的趋势,以挡沙堤西北侧海域最为显著。

由多年的实测水深数据对比来看,渤海新区周边海域呈现出逐年淤积的趋势,尤其是临近挡沙堤两侧海域的逐年淤积量相对较大,应引起注意的是,南侧挡沙堤以南海域淤积量较大,应加强日后监测。

6.3 社会经济影响评估

6.3.1 经济效益

截至2014年底,渤海新区区域建设用海范围内法人单位及产业活动单位,2014年全年在岗职工人数3348人,工资总额15787.08万元;营业总收入547514.46万元;上缴利税37916.36万元;经营性建筑总面积3875621 m²。

区域建设用海实施以来,基础设施建设发展较快,黄骅港综合港区修筑港内公路两条,分别为黄骅港综合港区南疏港公路和黄骅港综合港区中疏港公路;防沙堤三个,分别为黄骅港综合港区(航道)北防沙堤、黄骅港综合港区北防沙潜堤、黄骅港综合港区南防沙堤;防波堤两个,分别为黄骅港综合港区(港池)防波堤、黄骅港综合港区及散货港区20万吨级航道防波堤(北堤)延伸工程。沧州渤海投资集团有限公司综合服务区基础设施一期、黄骅港5万吨级双向航道导标建设及外航道后导标电缆管道建设等基础设施的建成应用,为港区的交通运输业及社会经济发展从根本上起到了关键性作用。由于防波(沙)堤、围堰、港内公路、航标设施以及综合服务区等基础设施,不属于经营性范畴,其社会、经济效益不能用具体数据来衡量,但对相关产业的拉动作用不容小觑。

沧州渤海新区区域用海规划自2009年实施,到2014年历经五年的时间,在这五年的时间里,沧州市、渤海新区及黄骅港在社会经济各方面均取得了较快的发展。下面用几组调查数据进行概括与印证。

1）沧州市经济发展情况

沧州渤海新区成立以来,沧州市全市上下积极实施沿海经济社会发展强市战略,努力应对国际金融危机的不利影响,围绕打造河北沿海地区率先发展增长极目标,强力推进渤海新区、中心城市和县域经济"三大经济板块"建设,稳增长、调结构、促改革、惠民生,全市经济实现平稳健康发展,社会事业取得全面进步。2009—2014年,全市经济实现新跨越(表6-1、图6-19),2013年地区生产总值突破3000亿元,达到3013亿元,2014年继续增长,达到3133.38亿元;2013年固定资产投资突破2000亿元,2014年持续稳定增长,达到2700亿元;2013年全部财政收入突破400亿元,2014年保持在416.5亿元。2014年财政收入占GDP的比重达到13.3%,比2009年提高2.2个百分点。

表6-1　沧州市 2009—2014 年经济统计数据

年份	2009	2010	2011	2012	2013	2014
财政收入(亿元)	210.3	271.16	328.5	380.4	411.4	416.5
固定资产投资(亿元)	1102.8	1448.1	1597.8	1950.1	2357.7	2728.9
生产总值(亿元)	1900	2203	2600	2811.9	3013	3133.38

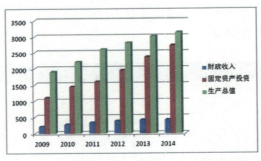

图 6-19　沧州市 2009—2014 年经济统计数据图

2）黄骅港发展情况

黄骅港位于沧州渤海新区辖区内,是沧州渤海新区城市结构的重要组成部分,是河北沿海的地区性重要港口;是我国北方主要的煤炭装船港之一,"三西"煤炭外运第二通道的重要出海口;是沧州市融入环渤海、京津冀经济圈,发挥沿海优势,促进临港产业开发,打造河北南部经济增长极的重要依托;是冀中南地区、神黄铁路沿线及鲁西北地区对外开放的窗口和经济发展的重要战略资源。

2000—2012年期间,黄骅港港口建设跨入新阶段(表6-2),固定资产投资从2001年的16.55亿元增长到2012年的57.39亿元,2009—2012年黄骅港的固定资产投资有所波动,由2009年的57.02亿元减少到2011年的32.55亿元,2012年又有所回升。货物吞吐量由2000年的74.3万吨增长到2012年的1.2亿多吨,区域用海规划实施后,2009—2012年港口吞吐量由8374万吨增加到2012年的1.2亿多吨,年均增长率达到

14.7%。黄骅港于 2011 年完成货物吞吐量 1.1 亿多吨,较上年增长 12.1%,吞吐量首次突破 1 亿吨。此外,2009 年区域用海规划实施后,黄骅港的泊位长度和泊位个数都有所增加,其中泊位长度由 2009 年的 3188 m 增加到 2012 年的 5570 m,泊位个数从 2009 年的 16 个增加到 2012 年的 25 个。渤海新区区域用海规划的实施对黄骅港的港口建设起到了积极的促进作用。

表 6-2 黄骅港 2000—2012 年港口统计数据

年份	完成固定资产投资(亿元)	货物吞吐量(万吨)	泊位长度(米)	泊位个数(个)
2000	/	74.3	/	/
2001	16.55	56.1	/	7
2002	/	/	/	/
2003	/	3116	/	/
2004	19.32	4543	/	/
2005	/	/	/	14
2006	/	/	2946	14
2007	5	8333	2991	14
2008	/	/	/	/
2009	57.02	8374	3188	16
2010	35.45	9438	4204	20
2011	32.55	11267	5570	25
2012	57.39	12630	5570	25

3)生产总值与产业结构

第一,从渤海新区区域规划实施后的年生产总值来看(表 6-3、图 6-20)。2014 年与 2009 年相比:2009 年生产总值 100.09 亿元,2014 年生产总值 230.3 亿元,增长 130.07%。其中,第一产业增长 18.61%,第二产业增长 103.5%,第三产业增长 248.8%。2014 年比 2009 年第一产业在总产值中所占比重下降 1.6 个百分点;第二产业下降 8.83 个百分点;第三产业增长 10.43 个百分点。从 2009—2014 年整体趋势看,无论是年生产总值,还是第一、第二、第三产业的增加值,均基本呈现出稳步上升的趋势。其中,第一产业增长幅度较缓慢,第二产业增长幅度明显加大,第三产业急剧增长。由此可见区域规划的实施极大促进了国民经济各产业的经济增长,同时带动了第三产业的迅猛发展。

第二,从产业结构上看(表 6-3、图 6-20、图 6-21)。2009—2014 年产业结构变化不大,第二产业所占比重最大,其次为第三产业,第一产业所占比重最小。2009—2014 年期间,第三产业所占比重呈现增长的趋势,从 2009 年的占比 20.19% 增加到 2014 年的占比 30.62%;第一产业所占比重逐年减少,从 2009 年的占比 3.29% 增加到 2014 年的占比 1.69%;第二产业所占比重有所波动,从总体趋势来看占比有所减少,从 2009 年的占比 76.52% 增加到 2014 年的占比 67.69%。

表 6-3　沧州渤海新区生产总值（2009—2014 年）

指标	2009		2010		2011		2012		2013		2014	
	生产总值（亿元）	所占比例（%）	生产总值（亿元）	所占比例（%）	生产总值（亿元）	所占比例（%）	生产总值（亿元）	所占比例（%）	生产总值（亿元）	所占比例（%）	生产总值（亿元）	所占比例（%）
第一产业	3.29	3.29	4	2.50	3.4	1.60	4	1.72	4.2	1.75	3.9	1.69
第二产业	76.6	76.52	106.5	66.60	152.8	71.97	155.9	66.88	162	67.50	155.89	67.69
第三产业	20.2	20.19	49.4	30.89	56.1	26.42	73.2	31.40	73.8	30.75	70.51	30.62
合计	100.09	100	159.9	100	212.3	100	233.1	100	240	100	230.3	100

注：表中数据均为当年价格

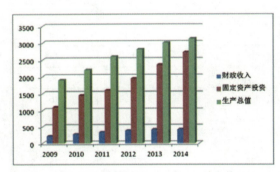

图 6-20　沧州渤海新区生产总值
（2009—2014 年）

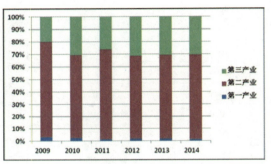

图 6-21　沧州渤海新区产业结构图
（2009—2014 年）

4）分行业产值

统计了从渤海新区区域规划实施后各行业的年产值（表 6-4）。

表 6-4　沧州渤海新区分行业经济指标统计表

指标名称	2009 年		2014 年	
	产值（万元）	生产总值（万元）	产值（万元）	生产总值（万元）
	按当年价格	按当年价格	按当年价格	按当年价格
农业	69692	14754	120583	22029
工业	2309427	510220	8160856	1329254
建筑业	57687	87472	153539	199150
交通运输仓储业	/	222256	/	459021
固定资产投资	1935444	/	5338472	/

续表

指标名称	2009 年		2014 年	
	产值(万元)	生产总值(万元)	产值(万元)	生产总值(万元)
	按当年价格	按当年价格	按当年价格	按当年价格
贸易	社会商品零售总额	进出口累计完成额	社会商品零售总额	进出口累计完成额
	5960 万元	8819 万美元	10961.4 万元	30561.6 万美元
金融	财政总收入		财政总收入	
	252483 万元		711437 万元	
单位面积填海成本	24 万~25 万元		24 万~25 万元	
土地出让金	6.8902 亿元		9.0225 亿元	

农业:随着各项惠农政策逐步落实,新区区域经济的带动,农业综合生产能力进一步加强。2014 年农业总产值 120588 万元,比 2009 年增长 73.02%。

工业:工业生产持续增长,经济效益大幅度提高。2014 年工业企业实现增加值 1329254 万元,比 2009 年增长 160.53%。

建筑业:建筑业持续平稳发展,2014 年全部建筑企业完成增加值 199150 万元,比 2009 年增加 127.67%。

交通运输仓储业:交通运输仓储业继续保持较快发展的势头,2014 年实现增加值 459021 万元,比 2009 年增长 106.53%。

贸易业:贸易业发展平稳,2014 年实现社会消费品零售总额 10961.4 万元,比 2009 年增长 83.92%。进出口贸易发展迅猛,2014 年进出口累计完成额 30561.6 万美元,比 2009 年增长 246.54%。

固定资产投资:固定资产投资快速增长,2014 年全社会固定资产投资完成额 5338472 万元,比 2009 年增长 175.83%。

财政金融及土地:财政收入大幅上涨,2014 年全部财政收入完成 711437 万元,比 2009 年增长 181.78%。2014 年土地出让金额 90225 万元,比 2009 增加 21323 万元。

渤海新区区域用海规划建设带动了各行业经济的共同发展,尤其对工业、建筑业、贸易拉动幅度较大。

5)区域建设用海对区域经济的影响

从地区生产总值看,2009—2014 年期间,沧州市和渤海新区经济均呈现稳步增长的趋势(表 6-5、图 6-22)。沧州市生产总值由 2009 年的 1900 亿元增长到 2014 年的 3133.38 亿元,渤海新区生产总值由 2009 年的 100.09 亿元增长到 2014 年的 230.3 亿元。通过对渤海新区生产总值在沧州整个地区所占百分比来说明渤海新区对沧州市的经济贡献,由 2009—2014 年数据分析发现,渤海新区地区生产总值占沧州市生产总值比例维持在 5% 以上，2012 年达到峰值，占沧州市的 8.3%，之后稍有回落，2014 年渤海新区地区生产总值占沧州市生产总值比例约为 7.4%。总体来看，渤海新区区域建设围海规划区对整个沧州地区的经济贡献呈现增加的趋势。

表 6-5 2009—2014 年沧州与渤海新区生产总值

指标	2009	2010	2011	2012	2013	2014
渤海新区生产总值（亿元）	100.09	159.9	212.3	233.1	240	230.3
沧州市生产总值（亿元）	1900	2203	2600	2811.9	3013	3133.38
渤海新区所占百分比（%）	5.27	7.26	8.17	8.29	7.97	7.35

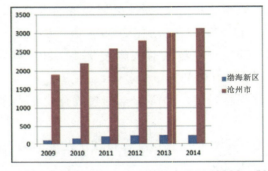

图 6-22 渤海新区与沧州市生产总值变化图（2009—2014 年）

从 2009—2014 年的生产总值年增长率来看（表 6-6），沧州市的生产总值年增长率在 2009—2011 年期间呈现增加的趋势，2011 年较上年增长 18%，达到最高，之后逐年减少，2014 年较上年增长 4%；渤海新区的生产总值年增长率在 2009—2011 年期间呈现逐年减少的趋势，2010 年较上年增长近 60%，达到最高，之后逐年减少，2014 年较上年增长 −4%。我国经济同期全面进入"新常态"，虽然生产总值逐年呈现稳步增长的态势，但是年增长率不会出现类似前几年井喷式的增长，年增长率逐年减少属于正常现象。2008 年金融危机后，钢铁企业由高峰发展转而下行，钢铁市场陷入产能过剩，需求短期内难见好转，部分钢铁企业停产，维持生产的企业也逐步减少产量、削减投资，渤海新区的钢铁企业也受此影响，导致生产总值年增长率较低。

表 6-6 2009—2014 年沧州市与渤海新区生产总值年增长率

年增长率	2009—2010	2010—2011	2011—2012	2012—2013	2013—2014
沧州市生产总值年增长率（%）	15.95	18.02	8.15	7.15	4
渤海新区生产总值年增长率（%）	59.76	32.77	9.8	2.96	−4.04

从 2008—2014 年的渤海新区填海造地面积来看（表 6-7），呈现快速增长趋势，以 2012—2014 年期间填海造地面积最多，为 51.29 km²。从 2009—2014 年河北省内城市的 GDP 排名来看（表 6-8），2009—2013 年沧州市 GDP 在河北省内各市排名一直保持在第四位，前三位分别为唐山市、石家庄市和邯郸市，在 2014 年沧州市 GDP 超过邯郸市，排在河北省内的第三位。考虑到全国的经济形势，GDP 增速放缓，沧州市仍在 2014 年实现 GDP 省内排名第三，可见区域建设用海对沧州市经济具备一定的带动作用。

表 6-7　2008—2014 年沧州渤海新区总填海造地面积情况

年份	2008	2010	2012	2014
总填海造地面积（km²）	11.04	29.75	40.57	51.29

表 6-8　2009—2014 年河北省内 GDP 排名前五位城市

城市	2009	2010	2011	2012	2013	2014
	生产总值（亿元）	生产总值（亿元）	生产总值（亿元）	生产总值（亿元）	生产总值（亿元）	生产总值（亿元）
唐山	3561.20	4469.16	5442.45	5861.64	6121.20	6225.30
石家庄	2838.40	3401.02	4082.68	4500.21	4863.60	5100
邯郸	1990.40	2361.56	2789.03	3024.29	3061.50	3080
沧州	1716.16	2201.12	2585.20	2812.42	3013	3133.38
保定	1581	2050.30	2449.90	2720.90	2680	2757.80

目前，沧州渤海新区近期工程规划用海中入驻项目较多，且已进行海域确权的区域主要有港口生产运输区、钢铁生产加工区、产业园区和综合服务区四大区域。港口生产运输区，位于区域建设用海区的东部，入驻项目包括沧州渤海新区物流中心、多用途码头工程、矿石码头、通用散杂货码头工程等；钢铁生产加工区，位于区域建设用海区的西部、靠近陆地，入驻项目包括镍铁项目、轻型钢梁生产线项目、冷轧带钢项目等；产业园区，位于区域建设用海区的西部、靠近陆地，入驻项目包括粉煤灰生产蒸压矿项目、砼承重空心砌块项目、高碳铬铁项目等；综合服务区，位于区域建设用海区的中部、港口生产运输区与产业园区之间，入驻项目包括综合管理服务中心和商务服务中心。沧州渤海新区近期工程区域建设用海总体规划方案以港前路为界，港前路以东为港口建设用海区域，港前路以西为各功能区及配套服务区建设用海区域。渤海新区产业聚集明显，项目建设加快，初步形成了以装备制造、港口物流等为主的产业群。

区域建设是一项长期投资建设，不是一蹴而就的，对区域经济的拉动也不会立竿见影，是一个缓慢渗透、辐射影响的过程。目前，由于区域建设用海建设初具雏形，而且建成项目大部分属于基础建设，因此对区域经济及各行业所带来的基本是隐形经济效益。

6.3.2　社会效益

第一，劳动与就业。随着区域建设稳步发展，劳动就业状况稳步向好，职工收入水平大幅提高，2014 年新增就业人口 863 人，比 2009 年增加 461 人。从业人员年平均工资由 2009 年的 26900 元／人增长到 2014 年的 41673 元／人。收入水平的提高，促进了居民生活水平的提高。

第二，生活设施与社会服务。生活设施与社会服务水平明显提高，人均住房面积由 2009 年的 38.71 平方米／人，提高到 2014 年的 68.89 平方米／人，人均增加 30.18 m²。健身娱乐设施已经普遍存在于各个小区。2014 年规模以上宾馆、饭店、商场达到 7 个，比 2009 年增加了 5 个。生活垃圾无害化处理率 2009 年为 85.6%，2014 年已经达到 100%。千人拥有医生数由 2009 年的 4.76 人增长到 2014 年的 5.63 人。社会最低保障金由 2009 年每人每月 230 元提高到 2014 年每人每月 450 元。社会保障覆盖率由 2009 年的 2.6% 上升到 2014 年的 7.83%。居民的幸福指数大幅提高。

第三，教育事业。教育事业稳步发展，教育基础设施条件提高显著。教师学生比由 2009 年的 1∶6.5 变为 2014 年的 1∶6.9。教学用计算机由 2009 年的 1383 台激增到 2014 年的 63527 台，网络教学已经全面覆盖。因新区新建中小学，中小学占地总面积由 2009 年的 1069498 m² 猛增到 2014 年的 27412577 m²，为提高教育教学质量打下坚实基础。

6.3.3 防灾减灾

2009 年 4 月 15 日，受南下冷空气和低压倒槽共同影响，河北沿海发生了强温带风暴潮灾害，此次风暴潮过程中，黄骅港海域受灾最为严重，持续近 3 个小时超过警戒水位，最高潮位高达 514 cm，出现在 6 时 23 分，超过警戒水位 34 cm，最大增水值达 164 cm，出现在 8 时。受此次风暴潮影响，黄骅港南疏港路东段原神华港形成的北堤被破坏约 15 m，石钢围堤处发生三起沉船事故，3500 m 横堤大约冲毁 500 m，另有 15 艘施工船被搁浅堤坝上。1 千吨码头南侧养殖围堤被破坏成多段，每段大约 30 m，3 千吨码头游艇三只沉没。在建 3 千吨码头工程房及电机被淹。沧州市海域 30 万亩养殖区的部分养殖堤坝被冲毁，10 万亩养殖池塘被海水淹没。此次风暴潮过程中，沧州沿海由堤坝损毁造成的经济损失约 3000 万元，养殖区损失约 3000 万元，船只损失 1000 万元，共计 7000 万元。2011 年 2 月 27 日、9 月 1 日和 11 月 28 日，沧州海域 3 次出现超过当地警戒潮位的高潮位，其中"0901"强温带风暴潮给沧州沿海造成了严重影响，直接经济损失高达 1.58 亿元。2012 年 8 月 3 日，受台风"达维"北上影响，沧州沿海出现了强风暴增水过程，同时伴有暴雨、大风和大浪，沧州黄骅岸段最高潮位达 517 cm，超过当地警戒潮位 37 cm。2013 年，沧州近岸海域共出现 5 次超过 100 cm 的风暴潮过程，其中 2 次超过当地蓝色警戒潮位值，1 次超过当地黄色警戒潮位值。由于预警和防范及时，风暴潮未给沧州造成直接经济损失。2014 年，受强冷空气南下影响，沧州近岸海域共出现了 2 次高潮位超过当地蓝色警戒潮位值的风暴潮过程，由于预警和防范及时，2 次风暴潮过程均未造成直接经济损失。

由此可见，2009—2014 年沧州渤海新区受风暴潮灾害和海浪灾害的影响较大，但随着区域用海规划的逐步实施，基础设施建设逐步完善，加之预警和防范及时，近两年的风暴潮过程均未造成直接经济损失,渤海新区的防灾减灾能力逐年提升。

2010年、2011年黄骅港连续两年发生冰灾,整个渤海湾结冰达1 m厚,影响船只进出港口,船只进出港需要破冰船引航,但是没有造成实质性灾害。黄骅港现有1个港口、4个港区、37个码头,比2009年增加了2个港区、19个码头。现有防波堤4条,具备了较强的防御自然灾害能力。

6.3.4 小结

综上所述,对沧州渤海新区区域建设用海规划的社会经济调查结果显示,区域用海规划实施以来,渤海新区填海面积达51.29 km²,为当地经济带来了极大的发展空间;渤海新区的生产总值、全社会固定资产投资完成额、工业企业增加值的增长均较快,年增长率均超过18%,渤海新区生产总值占沧州市百分比由2009年的5.27%增长到2014年的7.35%,为沧州市的经济发展做出了巨大的贡献;黄骅港港口吞吐量突破1亿吨,2014年新增就业人口863人,从业人员工资大幅上涨至41673元/人,社会保障覆盖率提高到7.83%,建设防波堤4条,提升了防御自然灾害的能力,区域建设的同时为促进当地就业、加强社会与民生建设起到了积极作用,为加快港口的发展增添了新的更大的动力。

6.4 规划实施进度评估

6.4.1 规划范围、面积及期限

沧州渤海新区近期工程区域建设用海总体规划的范围为北至黄骅港综合港区通港二号路,西至海岸线,东至规划二航道潜堤堤头,南至煤炭仓储物流加工区及朔黄铁路,见图6-23。

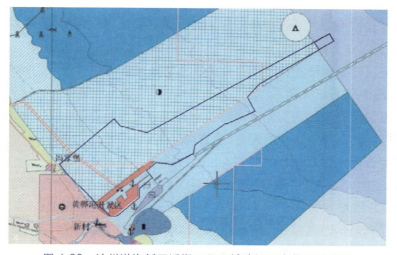

图6-23 沧州渤海新区近期工程区域建设用海位置示意图

沧州渤海新区近期工程区域建设用海总体规划用海面积 117.21 km²,其中填海造地用海面积为 74.57 km²,围海用海(包括港池、航道)面积为 42.64 km²。根据《黄骅港总体规划》,结合渤海新区近期工程区域建设计划、开发步骤和用地条件等因素,沧州渤海新区近期工程规划用海的区域有港口生产运输区(简称为港区)、钢铁生产加工区、产业园区、综合服务区、综合物流园区、预留产业园区六大功能区。用海面积中港区 86.11 km²,钢铁生产加工区 13.75 km²,产业园区 9.05 km²,综合服务区 1.9 km²,综合物流园区 1.22 km²,预留产业园区 1.29 km²,集疏运通道 3.89 km²。

沧州渤海新区近期工程区域建设规划基准年为 2007 年,规划年限 5 年,规划建设步骤如下。

港区中,煤炭港区 2009—2011 年建设三期工程,用海面积 1.80 km²;2011 年后根据远期煤炭运输的需要,适时建设其他泊位,用海面积 3.22 km²。综合港区 2009—2011 年建设起步工程,包括码头、港池、内航道及后方陆域,其中填海造陆用海面积 1.66 km²;2011 年后根据需要,陆续建设其他泊位,填海造陆用海面积 14.98 km²。散货港区根据近期大型临港产业布局和未来外贸进口矿石、原油的运输需求,陆续建设大型散货泊位,用海面积 21.81 km²。2009 年开始建设综合港区港池、内航道及外航道(第二航道),用海面积 42.64 km²。

钢铁生产加工区中钢集团滨海基地的建设时间为 2008 年 12 月至 2011 年 11 月,占地面积为 14.43 km²,其中用海面积 2.82 km²。而中铁装备制造材料有限公司一期 2007 年 4 月开始建设,2008 年 9 月试车,2010 年全部投产;二期 2009 年开始建设,2010 年投产。一期包括料场及生产生活辅助设施等占地面积 3.89 km²,其中用海面积 1.95 km²;二期用海面积 2.31 km²。中特集团北方基地计划 2008 年开工建设,用海面积 4.00 km²;预留用海面积 2.67 km²。

产业园区建设用海主要为渤海新区的近期工业加工区发展用地,规划 2008 年开始逐步建设,规划用海面积 9.05 km²。

综合服务区建设用海为黄骅港及临港产业的发展提供综合服务,2008 年开始逐步建设,规划用海面积 1.90 km²。

综合物流园区建设用海为河北渤海投资有限公司国际物流中心工程和渤海新区农业生产资料贸易城,2009 年开始建设,规划用海面积 1.22 km²。

预留产业园区规划用海面积 1.29 km²,2009 年开始建设。

集疏运通道中,南疏港路已建成通车,中疏港路、通港一号路、东疏港路、西疏港路正在建设中,港前路和通港二号路 2009 年开始建设。邯黄铁路 2008 年底开工建设,2011 年建成。集疏运通道规划用海面积 3.89 km²。

沧州渤海新区近期工程区域规划各功能分区用海面积见表 6-9。

表 6-9 沧州渤海新区近期工程区域规划各功能分区用海面积

序号	功能分区	用海面积（km²）	所占比例（%）
1	港区	86.11	73.47
1.1	煤炭港区	5.02	4.28
1.2	综合港区	16.64	14.20
1.3	散货港区	21.81	18.61
1.4	综合港区和散货港区水域	42.64	36.38
	其中，水域	39.14	33.39
	防波堤	3.50	2.99
2	钢铁生产加工区	13.75	11.73
2.1	中钢集团	2.82	2.41
2.2	中铁装备制造	4.26	3.63
	其中，一期	1.95	1.66
	二期	2.31	1.97
2.3	中特集团	6.67	5.69
	其中，装备制造	4.00	3.41
	预留	2.67	2.28
3	产业园区	9.05	7.72
4	综合服务区	1.90	1.62
5	综合物流园区	1.22	1.04
6	预留产业园区	1.29	1.10
7	集疏运通道	3.89	3.32
	合计	117.21	100.00

6.4.2 规划前期建设情况

规划实施前，规划用海范围西南方位海岸线上已有的工业由采油、炼油、原盐、氯碱、染化、医药、电子、建材、机械、造纸、食品等行业构成，乡以上企业有 294 家；同时，周边较多区域有鱼、虾、蟹、贝等水产养殖和繁殖。规划用海范围以南已有的黄骅电厂为北京国华电力有限责任公司和河北省建设投资公司合资兴建项目，规划容量为 4×600 MW，并留有扩建的可能，将安装 2 台 600 MW 国产燃煤机组。此外，已建项目还有杂货堆放场和煤炭码头，往东北方向延伸，已填海域位于规划用海范围正南方向，见图 6-24。

6.4.3 填海造地实施进展

根据 2008 和 2010 年遥感影像图和现场监测，《沧州渤海新区近期工程区域建设用海总体规划》发布实施后，至 2010 年，规划区陆地面积为 29.75 km²，较 2008 年规划区陆地面积（11.04 km²）增加 18.71 km²，即 2008—2010 年的填海面积为 18.71 km²，年均增长 9.35 km²。2008 和 2010 年规划区域面积变化见图 6-25。

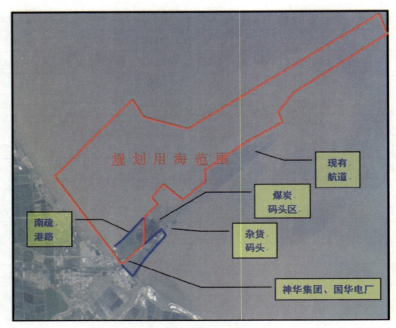

图 6-24　海域用海规划前图

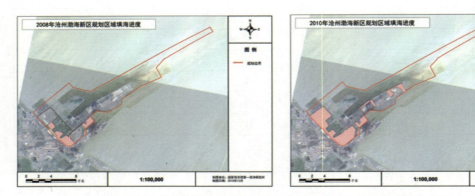

图 6-25　2008 年和 2010 年沧州渤海新区规划区域填海面积变化

　　根据 2010—2014 年遥感影像图和现场监测（图 6-25、图 6-26），至 2008 年，规划区填海面积为 11.04 km²；至 2010 年，规划区填海面积为 29.75 km²，较 2008 年增长 18.71 km²；至 2012 年，规划区填海面积达到 40.57 km²，较 2010 年增加 10.82 km²，至 2014 年，规划区总填海面积达到 51.29 km²，平均填海面积增长率为 6.71 km²/a，完成填海率（实际填海面积／规划填海造地面积）达 68.78%（表 6-10）。

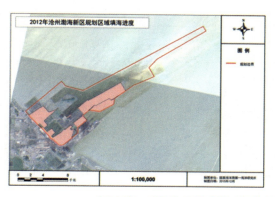

图 6-26 2012 年和 2014 年沧州渤海新区规划区域填海面积变化

表 6-10 2008—2014 年沧州渤海新区总填海造地面积情况

	2008	2010	2012	2014
总填海造地面积（km²）	11.04	29.75	40.57	51.29
完成规划填海比例（%）	14.80	39.90	54.41	68.78

6.4.4 规划区用海现状

2001 年 3 月至 2012 年 12 月，原国家海洋局和河北省海洋局批复的用海项目用海面积为 43.15 km²，占近期规划填海面积（117.21 km²）的 36.81%，总体进度较慢，到目标年得到批复的项目比较少。2013—2015 年，得到批复的项目也只有 12 项，见表 6-11，其中用海面积 2.21 km²，且其中 CB-2013-001 等 2 宗海域（0.49 km²）使用权正在进行出让，并未使用。

表 6-11 2013—2015 年沧州渤海新区批复的项目及用海面积

	项目名称	用海总面积（km²）	填海造地面积（km²）	海域使用权人
1	河北泰恒特钢有限公司年产 40 万吨铬铁合金	33.3333	33.3333	河北省泰恒特钢有限公司
2	河北嘉好粮油有限公司 132 万吨大豆加工项目	6.7446	6.7446	河北嘉好粮油有限公司
3	黄骅港综合港区沧州黄骅港钢铁物流有限公司通用散杂货码头工程	50.6509	42.9363	沧州黄骅港钢铁物流有限公司
4	黄骅港综合港区冀海散杂货码头工程项目	28.6231	23.2554	河北冀海港务有限公司
5	沧州渤海新区 CB-2013-001 等 2 宗	44.6182	38.6169	
6	CB-2014-001	4.4552	4.4552	
7	沧州渤海新区北 110 千伏输变电工程	0.3694	0.3694	国网河北省电力公司沧州供电分公司
8	沧州渤海新区黄骅港综合港区散货港区带式输送机管廊一期工程（CB-2014-017）	7.3032	7.3032	
9	沧州渤海新区黄骅港综合保税区纬四路Ⅱ段	5.8538	0	河北渤海投资集团有限公司

续表

	项目名称	用海总面积(km²)	填海造地面积(km²)	海域使用权人
10	沧州渤海新区黄骅港综合保税区东疏港路北延Ⅱ段	11.5979	0	河北渤海投资集团有限公司
11	沧州渤海新区黄骅港综合保税区纬四路Ⅰ段	14.9549	0	河北渤海投资集团有限公司
12	沧州渤海新区黄骅港综合保税区东疏港路北延Ⅰ段工程	12.8365	0	河北渤海投资集团有限公司
	合计	2.21	1.57	

到 2015 年,沧州渤海新区已批项目用海总面积为 45.36 km²,其中已批项目填海总面积为 31.39 km²,已批项目其他用海总面积为 13.97 km²。项目用海利用率(已批项目用海面积/规划总用海面积)为 38.70%,项目填海利用率(已批项目填海面积/规划总填海造地面积)为 42.09%(表 6-12)。

表 6-12 2014 年沧州渤海新区填海用海指标汇总

填海率(%)	68.78
项目用海利用率(%)	38.70
项目填海利用率(%)	42.09
开工建设率(%)	25.44

根据遥感数据解译及实地踏勘,至 2014 年,沧州渤海新区已建在建项目面积为 13.05 km²,沧州渤海新区开工建设率(已建、在建项目总面积/填海造地面积)为 25.44%,如图 6-27 所示。

图 6-27 2014 年沧州渤海新区已建项目区域示意图

　　综上,截至 2014 年底,沧州渤海新区填海面积达 51.29 km²,已完成规划填海造地目标计划的 68.78%;沧州渤海新区以 29.17% 的填海造地面积年增长率位列三个研究区之首,高于京唐港区和曹妃甸工业区近期工程区近 25 个百分点,表现出在规划实施期内较高的填海速度;在项目用海利用水平方面,沧州渤海新区具有较低的项目用海利用率(38.70%),表明在填海面积快速增长的情况下,沧州渤海新区项目入驻速度与数量并未与其填海速度相匹配;沧州渤海新区的项目填海利用率和开工建设率相对较低,分别为42.09% 和 25.44%,也在一定程度上反映出大规模填海建设过程中沧州渤海新区在项目引进及建设效率上的不足。

07 京唐港区围填海效应综合评估

7.1 自然地理概况

7.1.1 气象

乐亭县属滦河冲积平原,地势平坦开阔,北高南低,海拔 1～15 m,属于北半球暖温带半湿润大陆性季风气候。由于濒临渤海,受季风环流的影响很大,冬、夏季风更替明显。气候温和湿润,四季分明,雨热同季。冬季漫长,冬长于夏,春、秋季短暂。

1)气温

本区年平均气温 10.7 ℃,历年最高气温 37.9 ℃(1972 年 6 月 9 日),最低气温 -20.3 ℃(1973 年 1 月 26 日)。1 月份平均气温最低,为 -5.4 ℃。7 月份平均气温最高,为 28.5 ℃。

2)降水

本区年平均降水量 613.2 mm,年降水总量为 7.94 亿立方米(1966—2005 年)。全年降水量分布一般情况是内地大于沿海。历年降水以 1969 年为最多,年降水量为 931.7 mm。月降水量多集中在夏季和秋季,冬春干旱少雨。从多年平均值来看,降水主要集中在 6～9 月份,平均降水 495.7 mm,占全年总降水量的 80.8%。其余各月降水量为 117.5 mm,仅占全年的 19.2%。月最大降水量为 386.1 mm(1975 年 7 月)。日降水量 ≥ 50 mm 的日数为 2.1 天,日降水量 ≥ 25 mm 的日数为 6.7 天,日最大降水量为 234.7 mm(1975 年 7 月 30 日)。

3)日照

本区地处中纬度,晴天多于阴天,全年晴天 244 天至 283 天,年平均日照 2618.9 小时。日照百分率平均 60%,1987 年最高 66%,1976 年最低 57%。年日照时数最大 2945.7 小时(1987 年),最小 2525.2 小时(1976 年)。月日照时数以 4、5、6 月份最长,11 月份至翌年 2 月份日照时数最短。总辐射量以 5 月份和 6 月份为最大,11 月份和 12 月份最小。

4）湿度

本区多年平均相对湿度为66％，5～9月相对湿度较大，最大月平均相对湿度86％，发生在7月。10月至翌年4月相对湿度较小，最小月平均相对湿度为44％，发生在2月。

5）风

本区受季风影响较大，冬季盛行偏西北风，春、夏季盛行偏南和东南向风。根据京唐港区1993年6月至1995年5月观测资料统计：常风向南西南向，频率9.87％；次常风向西西南向，频率8.25％；强风向东北向，大于等于7级风的出现频率0.11％；次强风向东东北向，大于等于7级风的出现频率0.05％。台风（热带气旋）对本海区影响不大。

6）雾

本区年平均雾日数32天，最多51天（1984年），最少17天（2005年）。雾多发生在每年的11月至翌年2月，此期间雾日约占全年的77％。最长连续雾日数为3天。

7）雷暴

本区多年平均雷暴日为12天，多数雷暴日出现在6～8月。

7.1.2 海洋水文

1）潮汐和潮流

历史观测资料表明，本区的潮汐性质属不正规半日潮，潮汐形态系数为1.38，潮流运动形式基本呈往复流。大潮实测最大流速为0.86 m/s，流向252°，小潮实测最大流速为0.66 m/s，流向64°；大潮期间涨潮最大流速大于落潮流速，小潮期间落潮最大流速大于涨潮最大流速；表层流速大于底层流速。最大潮差可达278 cm，平均潮差为88 cm。

2）波浪

本区根据1993年6月至1995年5月实测波浪资料统计：常浪向东南向，频率11.57％；次常浪向东东南向，频率9.2％。强浪向东东北向，实测最大波高5.5 m；$H_{1/10} \geqslant 2.0$ m的出现频率1.46％。次强浪向东北向，实测最大波高4.1 m，$H_{1/10} \geqslant 2.0$ m的出现频率为0.78％。

7.1.3 泥沙

本区泥沙来源主要有两个方面：一是滦河的入海泥沙，二是沿岸岸滩及水下岸坡侵蚀泥沙的再搬运。由于滦河口来沙量锐减，使多数岸段供沙不足，外侧沙岛受到侵蚀，经上千年的演变后，海岸地貌格局与海洋动力逐步达到平衡。供沙不足和就地运移的特点使海岸总体处于一种微冲微淤、外围沙岛缓慢侵蚀的动态平衡状态。

滦河口至大清河口近50 km长的岸段，沿岸泥沙运动明显，横向运动剧烈；波浪、潮流分别是掀沙和携沙运动的主要动力，以近岸波浪破碎带内泥沙运动最为活跃。京唐港区附近滩面在较大的波浪作用下极易起动。挖入式港区内受环抱式防浪挡沙堤的掩护，淤积比较轻微；外航道所在海域内，则受到泥沙运动的威胁。近几年，通过不断的观测、研究，已逐步掌握京唐港区泥沙淤积机理与规律，随着挡沙堤三期及延伸工程的建设，进港航道已达到 20 万吨级。目前，采用在港口航道两侧修建挡沙潜堤的方式可以保证减少航道泥沙淤积，通过定期疏浚航道的方式保证船舶航行安全。

7.1.4 地质

本区位于唐山市东南部的滨海之滨，华北平原东部，地质构造属于燕山沉降带与华北坳陷两个Ⅱ级构造单元，自北向南可再分属山海关隆起、渤海中隆起和黄骅凹陷三个Ⅲ级构造单元。新生代以来，在古老的基底岩石上部堆积了巨厚的松散层，主要是晚更新世（Q3）及全新世（Q4）海相、陆相及海陆交互层，多为粉、细砂及部分的黏性土层。其下是基底岩石，有震旦系以来至侏罗系地层。滦河对本地区地层的形成有较大的影响。据京唐港区工程钻孔资料，土层分布比较均匀，自上而下由砂性土、黏性土六大层组成：

粉细砂：灰色、灰黄色，松散状，混少量碎贝壳，土质较均匀。层厚 2～4.5 m，层底标高 −3.5～−6.26 m。平均标贯击数 $N = 5.9$ 击。

粉土夹层：灰褐色、黑褐色，稍密状，夹细砂薄层，土质不均。层厚 2.2～4.0 m，层底标高 −6.45～−7.38 m。平均标贯击数 $N = 8$ 击。

细砂：灰黄色、灰色，中密、密实状，颗粒较均匀，夹粉土及粉质黏土薄层，分布连续。层厚 3.2～16.0 m，层底标高 −25.6～−30.82 m。平均标贯击数 $N = 39.4$ 击。

粉质黏土：灰色、褐灰色，可塑、硬塑状，中塑性，局部夹粉土及粉砂薄层，分布较连续。平均标贯击数 $N = 18.1$ 击。

细砂：灰黄色、灰色，中密、密实状，土质极密实。颗粒较均匀，局部夹含粉土及粉质黏土薄层，分布连续，层位稳定。层厚约 11.0 m，层底标高 −42.03～−43.86 m。平均标贯击数大于 50 击。

粉质黏土：灰色，硬塑状，中塑性，夹粉土薄层，分布连续稳定。层底标高 −43.86 m 以下。平均标贯击数 $N = 26.9$ 击。

根据国标有关规范的公式对本地区土层的液化情况进行判断，经计算为：第一、二层中的粉细砂层为可液化层，液化等级均为轻微液化；第三层及以下层细砂不液化。

乐亭地处华北断块内东北部，境地内部主要为中生界、新生界沉积层。地面为燕山褶皱带南缘、渤海北岸滨海平原，其平原由滦河冲积扇和滨海平原两部分所组成。北部平原成土母质为滦河冲积物，南部沿海平原为海相沉积物，两者之间淤积物呈交错沉积。基岩埋深 800～1000 m。

7.1.5 自然灾害

对本海区影响较大的自然灾害主要有海岸侵蚀、地面沉降、风暴潮、赤潮、海冰等，其中赤潮与风暴潮是较为频发的自然灾害。

1）赤潮

1998 年至 2000 年唐山市海域发生了 4 次赤潮：1998 年渤海发生的记录以来最大的一次赤潮，殃及了本海域，赤潮的高峰期（10 月 1 日）在曹妃甸海域东南 15 海里处形成一范围约为 10 km²（宽 2000 m、长 5000 m）灾区，灾情持续了 4 天，有鱼虾死亡现象；10 月 9 日赤潮再次袭击曹妃甸西部海域，以 118°15′ E、38°55′ N 为中心处，形成了东西长约 4000 m、南北宽约 2000 m 的酱紫色潮带；2000 年 4 月 25 日在滦南双龙河下游及河口附近海域发现小范围赤潮；2000 年 7 月 21 日在京唐港港池内发现赤潮。

2）风暴潮

渤海湾沿岸是我国风暴潮多发地区之一，从 1860 年以来的 140 多年间曾发生成灾的风暴潮 30 余次，平均每 4 年一次。据不完全统计，20 世纪 70 年代以来，共遇到 5 次强风暴潮，平均 6 年发生一次，发生的年份分别为 1972 年、1985 年、1992 年、1994 年、2003 年。

其中 2003 年 10 月 10 ～ 14 日，受北方强冷空气影响渤海湾发生了强风暴潮，在环渤海沿岸的三省一市中除辽宁省沿海基本没有受灾外，其余地区均有不同程度的受灾。京唐港区在这次风暴潮过程中，航道发生了严重淤积，最大淤厚达 5.5 m，航道淤积总量超过 186 万立方米。因此风暴潮造成的京唐港区外航道骤淤是影响安全生产的一个重大问题。

3）地震

本区地震基本烈度为 7 度。据历史统计资料记载，乐亭地区自 1568 年至今共发生地震约 16 次。

4）海冰

本区海域地处纬度较高，每年冬季都有结冰现象。初冰日一般为 12 月中、下旬，终冰日一般为次年的 2 月中旬至下旬。多年平均冰期 85 天，实际有冰日 65 天左右，无冰日 20 天。严重冰期出现于 1 月中旬至 2 月中旬，为 20 天左右。京唐港区主要系人工开挖的内港池，冰期港池内亦有结冰现象，受较频繁的船舶航行影响，一般难以形成面积和厚度较大的固定冰。

5）水灾、旱灾、雹灾等

本海区的自然灾害主要包括水灾、旱灾、雹灾、风灾和地震几种。水灾是乐亭地区常见的自然灾害之一。据不完全统计，自中华人民共和国成立以来共出现过 15 次，主要是由暴雨、河水决口、汛期分洪及强海潮所造成，最为严重的年份出现在 1949 年、1964 年。水灾主要是由暴雨、河水决口、汛期分洪及强海潮所造成。全区降雹次数较少，据不完全统计，自 1951 年至 1992 年，较严重的雹灾仅在 1978 年出现过一次。

7.2 海洋生态环境影响

根据自然资源部第一海洋研究所 2015 年 6 月调查结果,并参考国家海洋局秦皇岛海洋环境监测中心 2008 年 9 月、国家海洋局北海环境监测中心 2009 年 5 月、国家海洋局秦皇岛海洋环境监测中心站 2010 年 3 月、自然资源部第一海洋研究所 2011 年 10 月、国家海洋局北海环境监测中心 2012 年 6 月、自然资源部第一海洋研究所 2015 年 6 月多次调查结果,对京唐港区 2008 年至 2015 年环境质量变化情况进行统计分析(表 7-1 和图 7-1)。

表 7-1　京唐港区环境质量参考资料表

序号	资料来源	调查时间	调查单位
1	乐亭县临港产业聚集区(京唐港区)区域建设用海论证报告	2008.09	国家海洋局秦皇岛海洋环境监测中心站
2	乐亭县临港产业聚集区(京唐港区)区域建设用海论证报告	2009.05	国家海洋局北海环境监测中心
3	乐亭县临港产业聚集区(京唐港区)区域建设用海论证报告	2010.03	国家海洋局秦皇岛海洋环境监测中心站
4	唐山凯源镍铁合金一期海域使用论证报告书	2011.10	自然资源部第一海洋研究所
5	唐山凯源镍铁合金一期海域使用论证报告书	2012.06	国家海洋局北海环境监测中心
6	京唐港环境与生态调查评价报告	2015.06	自然资源部第一海洋研究所

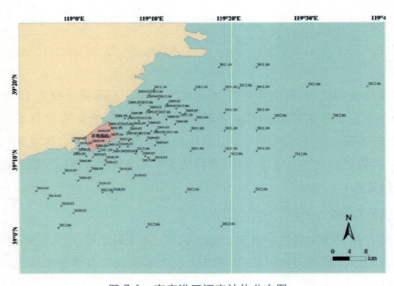

图 7-1　京唐港区调查站位分布图

7.2.1 海水环境质量

水质调查统计项目有 pH、溶解氧(DO)、化学需氧量(COD)、无机氮(DIN)、活性磷酸盐(PO_4-P)、悬浮物、石油类、重金属(铜、铅、锌、镉、铬、砷、汞)。采用单因子污染指数评价方法进行评价，7 次调查（2010 年 3 月份涨潮期和落潮期 2 次）统计结果显示，京唐港区主要污染物为无机氮、磷酸盐和石油类，其余调查指标均满足二类海水水质标准。

2008—2015 年海水环境质量整体向好发展，与《河北省海洋环境质量公报》一致。2015 年 6 月调查结果显示，悬浮物、锌、铬含量下降明显。石油类含量呈上升趋势，上升时间从 2012 年开始，推测主要原因为受 2011 年渤海溢油事件影响。

通过对调查站位一致的 2009 年 5 月和 2015 年 6 月 12 个站位 13 个指标调查结果进行比较，发现 2015 年有 79.49% 的调查值含量比 2009 年的有所下降（表 7-2）。

表 7-2 京唐港区 2009 年 5 月与 2015 年 6 月水质调查结果变化统计表

站号 2009	站号 2015	pH	DO (mg/L)	COD (mg/L)	悬浮物 (mg/L)	DIN (mg/L)	PO₄-P (mg/L)	石油类 (mg/L)	Cu (μg/L)	Pb (μg/L)	Zn (μg/L)	Cd (μg/L)	总 Cr (μg/L)	Hg (μg/L)
H1	J1	-0.25	-0.16	-0.14	-17.90	-0.25	-0.01	0.20	-1.54	-0.97	-16.13	-0.05	-2.70	-0.03
H2	J2	-0.23	-0.59	-0.16	-15.55	-0.27	0.02	0.49	-0.73	-1.20	-13.07	0.01	-2.48	0.00
H4	J3	-0.25	0.02	-0.13	-23.35	-0.24	-0.01	0.00	-0.89	-1.12	-17.15	0.02	-2.94	-0.04
H8	J4	-0.26	-0.27	-0.01	-17.95	-0.26	-0.01	-0.04	-1.79	-0.24	-11.49	-0.05	-2.97	-0.02
H10	J5	-0.24	-1.27	-0.13	-13.20	-0.26	-0.01	0.05	-1.06	-0.10	-11.54	-0.01	-2.18	-0.01
H12	J6	-0.24	-0.06	-0.24	-23.70	-0.26	-0.02	0.13	-1.79	-1.34	-15.32	0.07	-2.30	-0.01
H15	J7	-0.22	0.28	-0.13	-19.20	-0.34	-0.01	0.52	-1.11	-1.50	-15.15	-0.01	-2.51	-0.02
H18	J8	-0.23	0.11	-0.07	-33.90	-0.27	0.01	0.25	-1.02	-1.05	-15.74	-0.03	-2.30	0.01
H20	J9	-0.24	0.77	-0.13	-21.30	-0.37	0.00	0.05	-1.72	-0.05	-13.88	0.01	-2.53	0.01
H21	J10	-0.16	0.28	-0.13	-22.70	-0.48	-0.01	-0.01	-2.18	-0.26	-15.47	0.12	-2.70	-0.01
H22	J11	-0.16	-0.12	-0.24	-19.50	-0.47	-0.01	0.31	-1.34	-1.58	-20.17	0.14	-2.71	-0.04
H24	J12	-0.20	0.08	0.11	-18.70	-0.26	-0.02	0.46	-1.59	0.17	-17.82	0.00	-2.98	0.03

1）无机氮

2008—2015 年京唐港区无机氮含量呈上升、下降、上升后下降的趋势（图 7-2）。均值最高值出现在 2009 年 5 月的调查结果中，达到 0.386 mg/L；2015 年 6 月调查结果均值最低，为 0.059 mg/L。所有期次、站位调查结果中无机氮含量超三类海水水质超标率 6.25%，超四类海水水质超标率 2.34%。

2）磷酸盐

2008—2015 年京唐港区磷酸盐含量相对稳定（图 7-2）。均值最高值出现在 2009 年 5 月的调查结果中，为 0.0146 mg/L；2011 年 10 月的调查结果与 2009 年 5 月的基本持平，为 0.0142 mg/L。2012 年 6 月调查结果均值最低，为 0.0046 mg/L。所有期次、站位调查结果磷酸盐含量均符合四类海水水质标准，其中超二类海水水质超标率和超三类海水水质超标率均为 1.56%。

3）石油类

2008—2015 年京唐港区石油类含量呈略有下降随后大幅上升的趋势（图 7-2），上升时间从 2012 年开始,推测主要原因为受 2011 年渤海溢油事件影响。均值最高值出现在 2015 年 6 月的调查结果中,为 0.243 mg/L;2011 年 10 月调查结果均值最低,为 0.021 mg/L。所有期次、站位调查结果中石油类含量超三类海水水质超标率 3.13%,超四类海水水质超标率 2.34%。

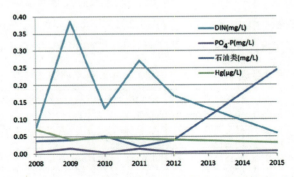

图 7-2　京唐港区海水无机氮、磷酸盐、石油类、汞含量变化趋势图

4）其他指标

2008—2015 年京唐港区 pH、溶解氧、悬浮物、重金属(铜、铅、锌、镉、铬、砷、汞)含量总体呈先上升后下降趋势(图 7-3、图 7-4),特别是悬浮物、锌、铬含量下降明显。化学需氧量变化趋势表现为上升、下降后上升,但变化量不大。上述指标所有期次、站位调查结果含量均符合二类海水水质标准。

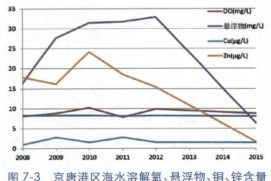

图 7-3　京唐港区海水溶解氧、悬浮物、铜、锌含量变化趋势图

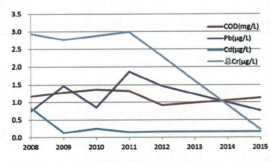

图 7-4　京唐港区海水化学需氧量、铅、镉、铬含量变化趋势图

7.2.2　近岸海域沉积物

近岸海域沉积物调查统计项目有有机碳、石油类、硫化物、铜、铅、锌、镉、铬、汞。采用单因子污染指数评价方法进行评价,所统计的 6 次调查结果显示,京唐港区主要污染物为石油类,有 12.3% 的站位石油类含量超出沉积物一类标准,符合沉积物二类标准。除 2010 年有一个站位铬含量符合沉积物二类标准,2012 年有一个站位铜含量符合沉积物二类标准以外,其余调查指标均满足沉积物一类标准(表 7-3)。

表 7-3 京唐港区 2009 年 5 月与 2015 年 6 月沉积物调查结果变化统计表

站号 2009	站号 2015	有机碳 (%)	石油类 (10^{-6})	Cu (10^{-6})	Pb (10^{-6})	Zn (10^{-6})	Cd (10^{-6})	Cr (10^{-6})	Hg (10^{-6})
H4	J3	0.409	-158.52	-14.48	-9.31	2.8	-0.077	-19.51	-0.0295
H8	J4	0.227	-138.49	-22.46	-18.06	17.1	-0.061	-16.07	0.0001
H12	J6	0.04	-139.75	-15.14	-9.2	11.3	0.01	-18.66	-0.0028
H15	J7	-0.218	-260.76	-9.77	-18.31	2.3	-0.125	-21.97	0.0121
H18	J8	-0.018	-546.49	-12.01	-6.13	10.4	0.11	-14.06	-0.0035
H20	J9	0.497	2.5	-18.46	-7.86	-12.4	-0.117	-18.94	-0.0076
H21	J10	0.349	-11.1	-22.86	-16.62	-11.6	-0.064	-21.75	0.01
H22	J11	-0.067	-589.45	-14.93	-11.26	9.2	-0.064	-17.4	-0.0216

2008—2015 年京唐港区近岸海域沉积物环境质量总体良好,与《河北省海洋环境质量公报》一致。2015 年 6 月调查结果显示,铜、铅、铬含量下降明显。石油类含量上升时间从 2013 年开始,最高均值为 2009 年的调查结果,达到 359.65×10^{-6};2008 年与 2010 年调查结果均值都较低,分别为 19.06×10^{-6} 和 20.34×10^{-6}。

通过对调查站位一致的 2009 年 5 月和 2015 年 6 月 8 个站位 8 个指标调查结果进行比较,发现 2015 年有 73.44% 的调查值含量比 2009 年的有所下降(图 7-5 ~ 图 7-7)。

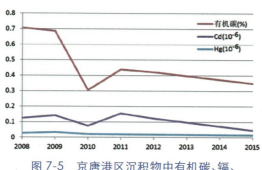

图 7-5 京唐港区沉积物中有机碳、镉、汞含量变化趋势图

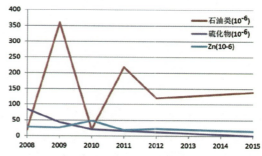

图 7-6 京唐港区沉积物中石油类、硫化物、锌含量变化趋势图

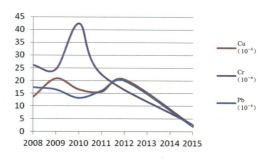

图 7-7 京唐港区沉积物中铜、铬、铅含量变化趋势图

7.2.3 近岸生态环境质量

调查结果显示,根据叶绿素 a 浓度,2010—2015 年京唐港区近岸海域初级生产在较大提高后有小幅下降。根据多样性指数指标,该海区浮游植物生境质量起伏较大,2015年与 2012 年水平基本持平;浮游动物和底栖动物生境质量表现为恶化趋势。

根据 2010 年 3 月、2011 年 10 月、2012 年 6 月和 2015 年 6 月调查结果显示,京唐港区海域叶绿素 a 浓度整体不高。在 2011 年 10 月最低,均值为 1.39 μg/L;2012 年6 月浓度最高,均值为 4.38 μg/L;同样在 6 月,2015 年叶绿素 a 浓度略有下降,均值为3.29 μg/L(图 7-8)。

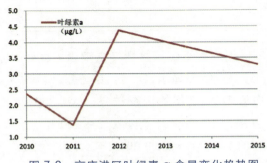

图 7-8　京唐港区叶绿素 a 含量变化趋势图

根据现有数据,2011 年 10 月浮游植物种数最高,合计 70 种;2012 年 6 月浮游植物种数下降为 17 种,2015 年 6 月浮游植物种数又有所增加,为 29 种(图 7-9)。2012 年 6月浮游植物生物密度高于 2011 年 10 月的调查结果,两者分别为 45.62×10⁴ cells/m³ 和20.95×10⁴ cells / m³。

2008—2015 年浮游植物多样性指数、均匀度和丰富度均呈上升、下降再上升趋势(图 7-10)。其中多样性指数和均匀度都在 2011 年为最高值,分别为 3.33 和 1.65;丰富度在 2010 年为最高值 0.73;三者都在 2012 年达到最低值,分别为 0.18、0.08 和 0.27。与之相适应,浮游植物优势度 2011 年最低为 0.40,2012 年最高为 0.99。

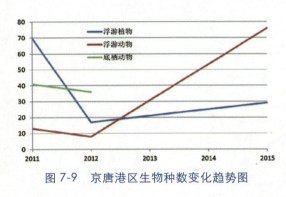

图 7-9　京唐港区生物种数变化趋势图

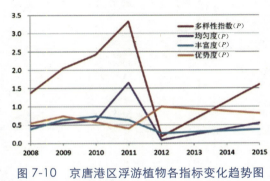

图 7-10　京唐港区浮游植物各指标变化趋势图

根据调查数据,2011 年 10 月共采得浮游动物 13 种,2012 年 6 月采集到的浮游动物种属略有减少为 8 种，2015 年 6 月采集到的浮游动物种数最高，合计 76 种（图 7-9）。浮游动物生物密度和生物量都在 2008 年 9 月为最高值，分别为 11450.9 ind/m³ 和 524 mg/m³；二者的最低值则分别出现于 2011 年 10 月和 2010 年 3 月，分别为 35.32 ind/m³ 和 37.7 mg/m³（图 7-11）。

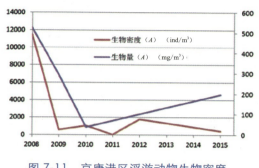

图 7-11　京唐港区浮游动物生物密度、生物量变化趋势图

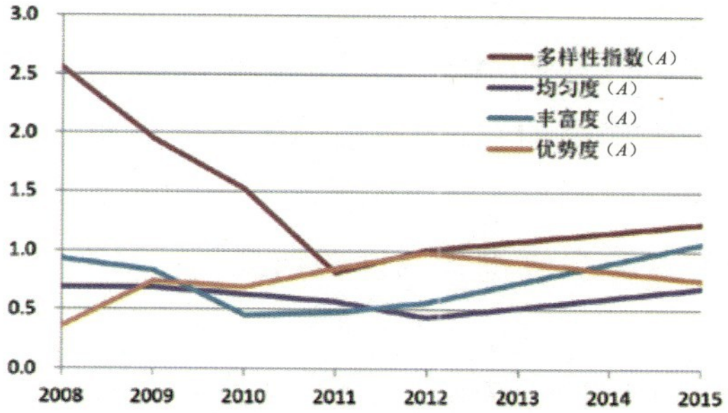

图 7-12　京唐港区浮游动物各指标变化趋势图

2008—2015 年浮游动物多样性指数、均匀度和丰富度均呈先下降再上升趋势（图 7-12）。其中多样性指数、均匀度和丰富度都在 2008 年 9 月为最高值，分别为 2.559、0.685 和 0.925；多样性指数在 2011 年 10 月最低为 0.811，均匀度在 2012 年 6 月最低为 0.435，丰富度在 2010 年 3 月最低为 0.451。与之相适应，浮游动物优势度呈先上升后下降趋势，2008 年 9 月最低为 0.354，2012 年 6 月最高为 0.986。

根据调查结果，2011 年 10 月共采得底栖动物 41 种，2012 年 6 月采集到的底栖动物种属略有减少，为 36 种（图 7-9）。底栖动物生物密度在 2008 年 9 月最高为 229 ind/m²，2009 年 5 月最低为 5.56 ind/m²。生物量在 2009 年 5 月最高为 236.67 g/m²，2010 年 3 月最低为 12.18 g/m²。

2008—2012 年底栖动物多样性指数、均匀度和丰富度均呈波浪形波动趋势（图 7-13）。其中多样性指数在 2008 年 9 月最高为 2.921，均匀度、丰富度和优势度都在 2009 年 5 月最高，分别为 0.90、1.23 和 0.74。多样性指数、均匀度和丰富度在 2010 年 3 月最低，分别为 1.22、0.75 和 0.31；优势度在 2008 年 9 月最低为 0.18。

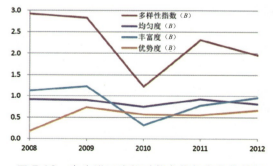

图 7-13　京唐港区底栖动物各指标变化趋势图

7.2.4 水动力环境影响

1）对区域潮汐结构的影响

京唐港区域建设用海规划区附近四个主要分潮的同潮图分布基本一致,没有太大的变化,说明潮汐结构变化不大。以本区占优势的 M_2 分潮为例,M_2 分潮振幅在京唐港区域建设用海规划区附近为 0.20 ～ 0.40 m,迟角为 15°～ 45°。由等振幅线和等迟角线对比图可以看到(图 7-14),规划实施后,京唐港区域建设用海规划区近岸附近海域 M_2 分潮等振幅线略向东偏,而规划区域东部和西部海域的等振幅线向西偏转,等迟角线在规划后略向西偏。从京唐港区域建设用海规划区附近 S_2 分潮在规划前后的变化可以看出(图 7-15),S_2 分潮潮汐同潮图在规划前后变化不大,潮汐结构基本一致,S_2 分潮振幅分布在 0.05 ～ 0.07 m,迟角分布在 75°～ 125°。由等振幅线和等迟角线对比图可以看到,规划实施后,京唐港区域建设用海规划区外海海域 S_2 分潮等振幅线略向东偏,近岸海域中部往东偏,西部和东部海域往西偏;规划后等迟角线分布与 M_2 相似,往西南方向偏转。从京唐港区域建设用海规划区附近 K_1 分潮在规划前后的变化可以看出(图 7-16),K_1 分潮潮汐同潮图在规划前后变化不大,潮汐结构基本一致,K_1 分潮振幅分布在 0.28 ～ 0.32 m,迟角分布在 120°～ 135°。由等振幅线和等迟角线对比图可以看到,规划实施后,京唐港区域建设用海规划区附近海域 K_1 分潮等振幅线略向南偏,规划后等迟角线往西南方向偏转。从京唐港区域建设用海规划区附近 O_1 分潮在规划前后的变化可以看出(图 7-17),O_1 分潮潮汐同潮图在规划前后变化不大,潮汐结构基本一致,O_1 分潮振幅分布在 0.18 ～ 0.20 m,迟角分布在 75°～ 85°。由等振幅线和等迟角线对比图可以看到,规划实施后,京唐港区域建设用海规划区附近海域 O_1 分潮等振幅线略向南偏,规划后等迟角线分布与 K_1 分潮相似,略向西南方向偏转。

从京唐港区附近 M_4 分潮在规划前后的变化可以看出(图 7-18),M_4 分潮潮汐同潮图在规划前后变化和四个主要分潮相比较大,但是潮汐结构基本一致,M_4 分潮振幅分布在 0.02 ～ 0.03 m,迟角分布在 185°～ 230°。从等振幅线和等迟角线对比图可以看到,规划实施后,京唐港区外海海域 M_4 分潮等振幅线略向东偏,西部海域往西偏;规划后等迟角线分布与规划前等迟角线分布相似,往东北方向偏转。

从京唐港区附近 MS_4 分潮在规划前后的变化可以看出(图 7-19),MS_4 分潮潮汐同潮图在规划前后变化和四个主要分潮相比较大,但是潮汐结构基本一致,MS_4 分潮振幅分布在 0.01 ～ 0.015 m,迟角分布在 330°～ 335°。从等振幅线和等迟角线对比图可以看到,规划实施后,京唐港区外海海域 MS_4 分潮等振幅线略向东偏;规划后等迟角线分布与规划前等迟角线分布相似,往西南方向偏转。

从京唐港区附近 M_6 分潮在规划前后的变化可以看出(图 7-20),M_6 分潮潮汐同潮图在规划前后变化和四个主要分潮相比较大,但是潮汐结构基本一致,M_6 分潮振幅分布在 0.006 m 左右,迟角分布在 0°～ 75°。从等振幅线和等迟角线对比图可以看到,规划实施后,京唐港区外海海域 M_6 分潮等振幅线略向北偏;规划后等迟角线分布与规划前等迟角线分布相比,往东方向偏转。

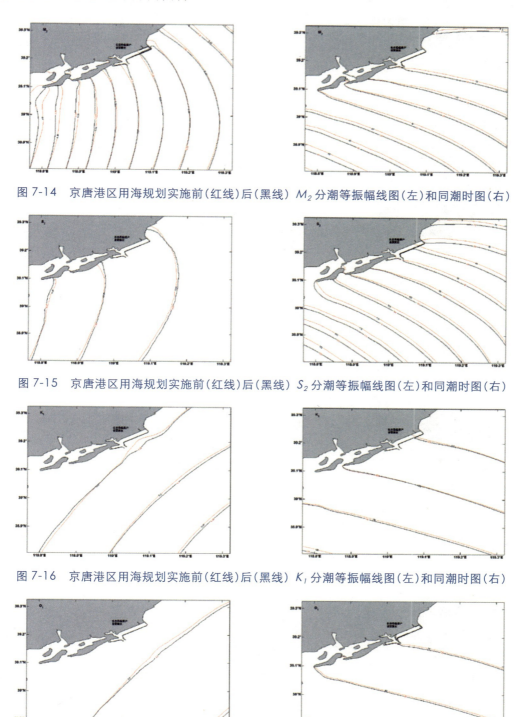

图 7-14　京唐港区用海规划实施前(红线)后(黑线) M_2 分潮等振幅线图(左)和同潮时图(右)

图 7-15　京唐港区用海规划实施前(红线)后(黑线) S_2 分潮等振幅线图(左)和同潮时图(右)

图 7-16　京唐港区用海规划实施前(红线)后(黑线) K_1 分潮等振幅线图(左)和同潮时图(右)

图 7-17　京唐港区用海规划实施前(红线)后(黑线) O_1 分潮等振幅线图(左)和同潮时图(右)

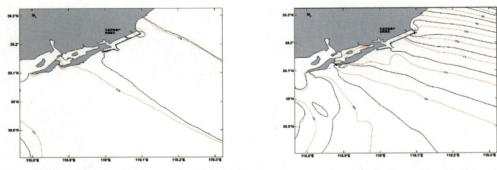

图 7-18　京唐港区规划实施前(红线)和实施后(黑线) M_4 分潮等振幅线图(左)和同潮时图(右)

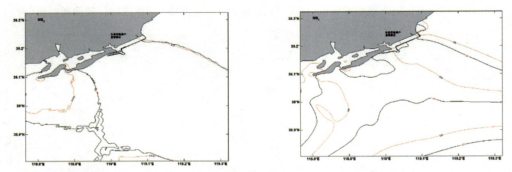

图 7-19　京唐港区规划实施前(红线)和实施后(黑线) MS_4 分潮等振幅线图(左)和同潮时图(右)

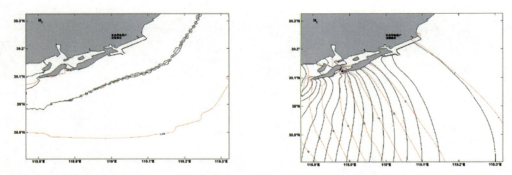

图 7-20　京唐港区规划实施前(红线)和实施后(黑线) M_6 分潮等振幅线图(左)和同潮时图(右)

2）对区域潮流的影响

为反映京唐港区区域建设用海区 M_2、S_2、K_1 和 O_1 四个主要分潮的潮流椭圆在规划实施后的变化特征,绘制了 M_2、S_2、K_1 和 O_1 四个主要分潮在用海规划实施前和规划实施后的叠置图(图 7-21～图 7-24)。规划建设对大区域的潮流椭圆参数影响不大,规划实施后,仅对规划建设周边海域的潮流椭圆参数有影响,其影响大多体现在潮流椭圆的方向,主要是因为填海造地工程对原自然岸线产生了较大变化所致,最大分潮流速基本不变。

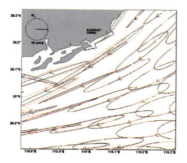

图 7-21　京唐港区用海规划实施前(红线)后
(黑线)M_2分潮潮流椭圆分布

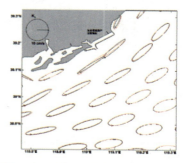

图 7-22　京唐港区用海规划实施前(红线)后
(黑线)K_1分潮潮流椭圆分布

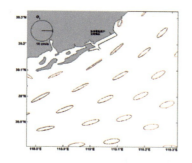

图 7-23　京唐港区用海规划实施前(红线)后
(黑线)O_1分潮潮流椭圆分布

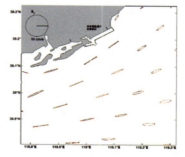

图 7-24　京唐港区用海规划实施前(红线)后
(黑线)S_2分潮潮流椭圆分布

3)对区域冲淤环境的影响

根据收集的 2007 年 908 调查的水深资料与本次调查断面的水深资料进行比较。根据资料分布情况,其中京唐港区选取了 9 条断面进行水深比较。

通过对比可知,该区整体水深都受到人为施工影响。基本近岸是 1 km 的可能受近岸施工影响较大,地形变化较复杂,东北部断面除 D1 断面为侵蚀外,D2、D3 两条断面均处于淤积状态;D4 断面基本处于冲淤平衡;西南部断面除 D7 外,D5、D6、D8、D9 近岸均为侵蚀状态。断面起点 1 km 后的断面从东北往西南走向,从 D1 至 D4 断面先侵蚀后到冲淤平衡;从 D5 至 D9 先侵蚀逐渐加大到 D6、D7,然后逐渐到 D8、D9 的冲淤平衡。从以上分析可知,近岸 1 km 地形复杂,冲淤交替出现;离岸 1 km 后,以侵蚀为主,从东北沿岸至西南沿岸为先侵蚀后稳定再侵蚀再稳定的状态。各断面冲淤变化如下(图 7-25 ～图 7-29)。

D1 断面整体侵蚀最大,2007 年的 0 m 等深线处,侵蚀约 3 m,离岸越远,侵蚀则逐渐越小,约到离岸 4 km 处,侵蚀约为 0.5 m;D2 断面除近岸 250 m 基本保持稳定外,离岸 250 m 后均有 0.8 ～ 1.5 m 的侵蚀;D3 断面近岸 200 m 淤积 0.5 ～ 1.0 m,然后地形侵蚀逐渐加剧到离岸 1 km 处最大约有 1.2 m,往外再逐渐趋于冲淤平衡;D4 断面整体处于冲淤平衡,离岸 1 ～ 2 km 约有 0.4 m 的侵蚀;D5 断面整体处于稳定状态,微有侵蚀,总体有 0.2 ～ 0.4 m 的侵蚀;D6 断面整体侵蚀,近岸和离岸 1.5 km 以远侵蚀较大,有 0.5 ～ 1.0 m 的侵蚀;D7 断面为近岸淤积,远岸侵蚀,整体坡度变陡,其中近岸 1 km,

基本处于淤积状态,最大淤厚约 1.2 m,离岸 1 km 后以侵蚀为主,最大侵蚀约有 1.4 m;
D8、D9 断面基本冲淤变化趋势一致,都是近岸侵蚀,然后逐渐趋于冲淤平衡。

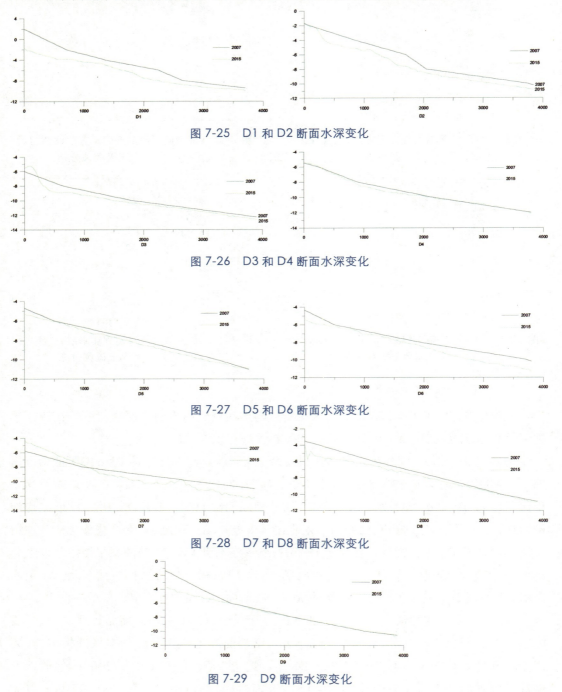

图 7-25　D1 和 D2 断面水深变化

图 7-26　D3 和 D4 断面水深变化

图 7-27　D5 和 D6 断面水深变化

图 7-28　D7 和 D8 断面水深变化

图 7-29　D9 断面水深变化

7.2.5　小结

基于 2008—2012 年及 2015 年水质监测资料统计,京唐港区海水环境质量与《河北省海洋环境质量公报》一致,主要污染物为无机氮、磷酸盐和石油类,其余调查指标均满足二类海水水质标准。从2012年开始石油类含量呈上升趋势,推测主要原因是受2011年渤海溢油事件影响。京唐港区沉积物主要污染物为石油类,与该区域重点发展航运业有关;其他沉积物质量指标符合沉积物二类标准。

京唐港区近岸海域叶绿素a水平先上升后小幅下降;浮游植物种数减少,多样性指标先升后降后回升至2008年水平,变化起伏较大;浮游动物虽种数有所增加,但其多样性指标与底栖动物一样表现为减少趋势,显示浮游动物与底栖动物生境质量变差;浮游植物、浮游动物和底栖动物的均匀度、丰富度和优势度指标均变化不大。2010年调查结果显示,春季(5月份)捕获鱼卵以青鳞为主,仔鱼以虾虎鱼为主,与施工前的鱼卵、仔鱼优势种一致,但鱼卵、仔鱼平均密度下降明显。

京唐港区用海规划实施后,附近海域S_2和M_2分潮等振幅线略向东偏,规划区域东部和西部海域的M_2分潮等振幅线向西偏转,等迟角线在规划后略向西偏,附近海域的M_6分潮等振幅线略向北偏,等迟角线往东方向偏转。京唐港区域建设用海区附近海域各主要分潮的最大流速基本没有变化,但港区东部近岸和口门附近变化相对较大。

通过历史水深对比可见,近岸1 km地形复杂,冲淤交替出现,离岸1 km后,以侵蚀为主,从东北沿岸至西南沿岸为先侵蚀后稳定再侵蚀再稳定的状态。

7.3 京唐港区部分经济数据、用海情况介绍与分析

7.3.1 京唐港区经济状况概述与分析

具体内容见5.3.1唐山市曹妃甸区、京唐港区经济发展状况。

7.3.2 京唐港区经济效益

1)产业概况

结合京唐港区项目竣工落地情况与空间布局进行分析,京唐港区当前已建成专业码头和仓储设施,包括矿石加工储运堆场、首钢矿石码头公司一期工程、煤炭中转储运堆场、36号到40号泊位,以及焦煤交易中心项目、水渣仓储及深加工工程项目、红土镍矿集散中心等。现有项目依托港口,发挥临港优势,满足了码头仓储的需求,实现了港口组团与临港产业园的良好互动。

2)唐山港集团经济数据分析

唐山港集团股份有限公司的经营范围包括码头和其他港口设施经营,在港区内从事货物装卸、驳运、仓储经营;港口拖轮经营,船舶港口服务业务经营,港口机械、设施、设备租赁、维修经营,货物和技术的进出口业务(国家限定公司经营或禁止进出口的商品和技术除外)。主营业务包括港口装卸、运输、堆存仓储等物流业务。公司经营的优势装卸货种是散/件杂货,以钢铁、铁矿石和煤炭为主,其他货种主要包括原盐、水泥、机械设备等。

2012—2014年期间,从财务指标上看(表7-4),唐山港集团净利润稳步增长,由

2012 年约 6 亿元增长到 2014 年超过 10 亿元;净利润增长率有所减少,由近 40% 的增长率减少到 23%,净利润增长逐年放缓;加权净资产收益率有所上升,但增长速率趋缓。从运营能力指标上看(表 7-5),2012—2014 年期间存货周转率呈现降低的趋势,总资产周转率变化不大,流动资产周转率有所降低但幅度不大,固定资产周转率有所增加。总资产周转率体现企业经营期间全部资产从投入到产出的流转速度,反映企业全部资产的管理质量和利用效率,唐山港的总资产周转率变化不大,说明企业的周转速度和销售能力维持在一个比较稳定的水平。

表 7-4　唐山港集团财务指标与运营能力(2012—2014 年)

指标	财务指标			运营能力			
	净利润(万元)	净利润增长率(%)	加权净资产收益率(%)	存货周转率(%)	总资产周转率(%)	流动资产周转率(%)	固定资产周转率(%)
2012	64569.52	39.93	13.22	16.62	0.36	2.00	0.57
2013	88757.62	37.46	15.92	10.33	0.38	1.82	0.60
2014	108898.79	22.69	16.8	7.40	0.37	1.81	0.66

表 7-5　唐山港集团盈利指标与发展能力(2012—2014 年)

指标	盈利能力			发展能力				
	营业利润率(%)	营业净利率(%)	营业毛利率(%)	营业收入增长率(%)	总资产增长率(%)	营业利润增长率(%)	净利润增长率(%)	净资产增长率(%)
2012	23.33	18.76	39.08	31.78	5.49	48.02	39.93	12.31
2013	27.42	22.46	40.33	15.16	15.38	35.32	37.46	15.56
2014	29.02	23.19	39.93	12.68	18.74	19.24	22.69	15.64

从盈利能力指标上看,营业利润率在 2012—2014 年期间稳步增长,从 2012 年的 23.33% 增长至 2014 年的 29.02%;营业净利率从 18.76% 增长至 23.19%,增长较为缓慢;营业毛利率略有波动,整体呈现出缓慢增长的趋势。营业利润率是衡量企业经营效率的指标,反映在考虑营业成本的情况下,企业管理者通过经营获取利润的能力。唐山港集团的营业利润率稳定增长,企业的盈利能力较强。

从发展能力指标上看,营业收入增长率呈现下降的趋势,由 2012 年的 31.78% 减少到 2014 年的 12.68%;总资产增长率稳步增长,其中 2012—2013 年期间增长率提升很快;营业利润增长率变化趋势与营业利润增长率较为一致,均呈现逐年减少的趋势;净资产增长率稳步增长,从 2012 年的 12.31% 增长至 2014 年的 15.64%。营业收入增长率反映企业营业收入的增减变动情况,是评价企业成长状况和发展能力的重要指标,该指标大于 0,说明唐山港集团的营业收入有所增长;指标呈现下降的趋势,说明营业收入增长势头有所减弱。净资产增长率反映企业资本规模的扩张速度,是衡量企业总量规模变动和成长状况的重要指标。唐山港集团的净资产增长率较高且保持增长势头,说明了企业较强的生命力,发展势头强劲。

7.3.3 京唐港区规划对区域经济的贡献

鉴于各区域建设用海规划区均以港口作为依托,借此带动区域经济社会发展;实际上,港口物流带动区域经济发展有着深厚的理论基础。

1)理论基础

(1)从经济起飞理论看港口物流。罗斯托的经济起飞理论特别强调基础设施投资在经济起飞阶段向成熟阶段转变过程中的重要性。他认为交通运输、机械设备、电力工业和造船工业等基础设施和设备投资是实现起飞阶段向成熟阶段平稳过渡的前提条件。港口物流的发展需要完善的物流网络以提高港口物流要素能力,从而需要投资大量的公路、水路和铁路等基础设施和设备,因此,这些投资会对社会经济发展产生带动作用。

(2)从劳动分工理论看港口物流。亚当·斯密认为劳动分工是劳动生产力的决定性因素,劳动分工受市场范围大小限制,市场范围大小由运输效率决定。此后,马克思和马歇尔也阐述了交通运输在劳动分工中的重要作用。港口物流涉及公路运输、铁路运输、海铁联运、水水中转、无水港建设等环节,是社会劳动分工和物流业发展的高级形态,不仅是物流产业专业化分工的结果,而且会通过降低相关产业的物流成本从而拉动相关产业的发展。

(3)从产业集聚与规模经济理论看港口物流。经济要素和行为的空间分布是规模经济与运输成本相互作用和相互权衡的结果。交通运输费用对产业集聚有很好的解释力,运输成本下降时企业会趋于集中,运输成本低的企业向周边地区扩散以实现要素互补,如利用周边地区更廉价的劳动力等。港口物流的发展也遵从这种规律,并产生外部效应将相关产业和服务业吸引到港口物流集聚区内或者附近,以其资源和规模优势,带动临港工业和服务业的发展。

基于以上港口物流对社会经济发展的相关理论分析可以得出,港口物流的发展和港口物流能力的提高具有经济增长效应,此外,港口物流能力还能促进产业集聚、拉动就业和增强港口城市在外贸中的竞争力。基于此,提出本研究的理论假设:港口物流能力的提高有利于促进经济增长、促进产业集聚进而带动临港工业的发展,即港口物流能力与经济增长、投资等呈正相关关系。

2)研究设计

(1)研究变量。

① 被解释变量:经济增长(g_t)。衡量经济增长的变量比较普及,本文参考了一般研究的处理方法,采用区域的 GDP 作为经济增长的度量指标。

② 解释变量:港口物流能力(PL_t)。物流能力分为两个方面:一是与设施设备有关的基础设施能力;二是与管理运作能力有关的运作能力。本研究采用关于物流能力相关研究的做法,采用港口货物吞吐量对该变量进行度量。

③ 控制变量:根据相关经济增长的研究文献,本文将对影响地区经济增长绩效的主

要因素加以控制,主要是指社会总投资(Inv$_t$)。

(2)估算方法。为了进一步提高研究结果的效度,本文还分别对港口物流能力的产业集聚效应、就业拉动效应进行检验。依据前文的理论分析与研究假设,以及对被解释变量、解释变量和控制变量的界定,把港口物流能力引入经济增长模型,将基本的计量模型设定为

$$g_t = \beta_0 + \beta_1 PL_t + \beta_2 \cdot Contorl_t + \xi_t \quad (1)$$

式(1)中,g_t 表示区域 GDP,PL_t 代表港口物流能力,$Contorl_t$ 代表影响经济增长的其他关键变量,本研究主要包括社会总投资。

(3)数据来源及样本选择。因统计资料将京唐港区和曹妃甸港区的相关数据合并统计,因此本文以整个唐山港对唐山市经济增长贡献为研究主题,利用 2000—2014 年(共 15 年)的数据为样本,其中,GDP、社会总投资等数据来源于唐山历年统计公报;港口货物吞吐量数据来源于《中国港口年鉴》,具体见表 7-6。

表 7-6　唐山市 GDP 及唐山港货物吞吐量(2000—2014 年)

年份	GDP(亿元)	社会总投资(亿元)	货物吞吐量(万吨)	货物吞吐能力(万吨)
2000	915.05	210.21	902	/
2001	1006.45	220.19	1102	/
2002	1102	232.50	1465	/
2003	1295	314.90	2083	/
2004	1626.33	447.56	2602	/
2005	2027.64	635.70	3322	/
2006	2361.68	765.35	4466	/
2007	2779.14	1036.59	6748	7725
2008	3561.19	1361.32	13226	/
2009	3781.44	2180.86	17559	14650
2010	4469.08	2665.77	24609	14405
2011	5442.41	2546.11	31263	17605
2012	5861.63	3066.34	36458	29605
2013	6121.21	3633.61	44600	/
2014	6225.30	4213.17	50080	/

3)计算结果与分析

所有计算过程在 EVIEWS8.0 中进行。本部分将从 ADF 检验、协整检验、Granger 因果检验、回归结果检验和稳健性检验等方面对研究假设进行实证分析。在 ADF 检验中,所有序列经过一阶差分之后都表现为平稳的单整序列;基于 ADF 单位根检验结果,本研究采用 Johansen 检验对协整关系进行考察,在 5% 的显著性水平上,各变量之间最少存在一个协整关系。

图 7-30 给出了唐山港港口物流能力与 GDP 之间 Granger 检验结果,最大在 5% 的

水平上拒绝。无论从长期还是短期来看,唐山市地区生产总值都是唐山港物流发展的格兰杰原因,反过来,唐山港区物流发展也都是唐山市地区生产总值的格兰杰原因。这与物流发展带动经济增长,经济增长促进物流发展的经济理论一致。

Pairwise Granger Causality Tests			
Sample: 2000 2014			
Lags: 2			
Null Hypothesis	Obs	F-Statistic	Prob.
PL does not Granger Cause G	13	1. 29763	0. 3250
G does not Granger Cause PL		7. 98729	0. 0124

图 7-30　唐山港港口物流能力与 GDP 之间 Granger 检验结果

本文采用了计量经济学中比较常见的 GARCH 模型。其回归结果如下:

$$g_t = 1154.002 + 0.04PL_t + 0.972 \cdot I_n v_t \quad （2）$$

各类误差、检验参数见图 7-31。

Dependent Variable: G				
Method: ML - ARCH (Marquardt) - Normal distribution				
Sample: 2000 2014				
Included observations: 15				
Convergence not achieved after 500 iterations				
Presample variance: backcast (parameter = 0. 7)				
GARCH = C (4) + C (5) × 3RESID (-1) ^2 + C (6) × GARCH (-1)				
Variable	Coefficient	Std. Error	z-Statistic	Prob.
C	1154. 002	276. 2585	4. 177253	0. 0000
INV	0. 920736	0. 886049	1. 039148	0. 2987
PL	0. 040040	0. 066803	0. 599366	0. 5489
Variance Equation				
C	117626. 7	422691. 2	0. 278280	0. 7808
RESID(-1)^2	-0. 253864	0. 732224	-0. 346703	0. 7288
GARCH(-1)	0. 512739	2. 499092	0. 205170	0. 8374
R^2	0. 952680	Mean dependent var		3238. 370
$AdjR^2$	0. 944793	S. D. dependent var		1975. 739
S. E. of regression	464. 2237	Akaike info criterion		15. 66852
Sum squared resid	2586043.	Schwarz criterion		15. 95174
Log likelihood	-111. 5139	Hannan-Quinn criter.		15. 66551
Durbin-Watson stat	0. 846173			

图 7-31　GARCH 模型分析结果

公式(2)中，R^2 为 0.953，$AdjR^2$ 为 0.945，回归系数为 0.04，在 1% 的水平上显著，说明变量选取和整个计量模型构建上不存在问题。其经济含义就是，唐山港货物吞吐量每增加（或减少）一个单位（万吨），唐山市 GDP 相应增加（或减少）0.04 个单位（亿元），即唐山港货物吞吐量每增加 1 万吨，唐山市 GDP 将增加 0.04 亿元。而在京唐港和曹妃甸两个区域建设用海规划实施过程中（2009 年以来），唐山港货物吞吐能力新增 14955 万吨，比 2007 年的 14650 万吨翻了一番；由此，带来一个直观效果就是，2014 年唐山港货物吞吐量跃至世界第五。可以计算得出，区域建设用海的实施，对于唐山港货物吞吐量增加至少为 50%。

2011—2012 年，唐山港货物吞吐量增加了 520.23 万吨，区域建设用海规划实施贡献为 260.12 万吨，结合上文计量经济学模型评估结果，可带动 GDP 增加 10.4 亿元，同期 GDP 增加 419.2 亿元，可以得出，仅因为区域建设用海增加港口吞吐量这一项，就给同期 GDP 增长贡献 2.48%。仅考虑区域建设用海带来的港口吞吐能力增加这一个因素，不同时间段区域用海规划实施对唐山市 GDP 增长的贡献见表 7-7。

由表 7-7 可以看出，唐山港对于唐山市的重要性，仅唐山港货物进出这一项，对唐山 GDP 增长贡献每年都超过了 5%；相应的，区域建设用海规划的实施对唐山市 GDP 增长贡献率超过了 2.48%。根据原国家海洋局发布的结果，2012—2013 年，填海造地对沿海地区经济增长的贡献度为 4.56%，就唐山市而言，仅考虑围填海带来的港口吞吐能力增加这一个因素，区域建设用海规划的实施对唐山市经济增长贡献为 4.39%，与全国平均水平相当。

表 7-7　区域建设用海规划实施对唐山市 GDP 增长贡献

时间段	同期货物吞吐量增加量（万吨）	区域用海对货物吞吐量增加量的贡献率（%）	同期 GDP 增加值（亿元）	区域用海导致的 GDP 增加（亿元）	区域用海实施对 GDP 增长的贡献率（%）
2011—2012	520.23	50	419.2	10.4	2.48
2012—2013	567.27	50	259.91	11.4	4.39
2013—2014	579.56	50	104.09	11.59	11.13

注：仅考虑规划实施带来的港口吞吐能力增加这一因素

4）结论

（1）无论从长期还是短期来看，唐山市地区生产总值都是唐山港物流发展的格兰杰原因，反过来，唐山港区物流发展也都是唐山市地区生产总值的格兰杰原因。这与物流发展带动经济增长，经济增长促进物流发展的经济理论一致。通过建立的 GARCH 模型分析表明，唐山港货物吞吐量每增加 1 万吨，唐山市 GDP 将增加 0.04 亿元。

（2）区域建设用海规划的实施，使唐山港货物吞吐能力增加了一倍，为 2014 年唐山港成为世界排名第五的港口做出了突出贡献；仅考虑这一点，区域建设用海规划实施对唐山市 GDP 增长贡献率 2011—2012 年为 2.45%，2012—2013 年为 4.39%，2013—

2014 年为 11.13％。其中，2012—2013 年计算结果与填海造地对沿海地区经济增长的贡献率全国平均水平相当。

7.3.4　小结

对京唐港区区域建设用海规划的经济调查结果显示：区域用海规划实施以来，京唐港区填海面积达 6.53 km²，为唐山市经济发展提供了发展空间；京唐港区吞吐量由 2009 年的 1.06 亿吨增长到 2014 年的 2.15 亿吨，年均增长率达到 15.2％，京唐港区在 2013 年实现吞吐量突破 2 亿吨；京唐港所在的唐山港集团，净利润稳步增长，资产的周转速度和销售能力维持在一个比较稳定的水平，营业利润率稳定增长，唐山港集团在京唐港区域用海规划实施期间运行良好，发展势头强劲。

7.4　京唐港区实施进度评估

7.4.1　规划范围

根据京唐港区区域建设用海规划中对于京唐港区规划总范围的界定为北至现有海挡，东至第四港池东部规划陆域边界，西至二排干渠，南至 −8 m 等深线（京唐港区第四港池东南防波堤边界），控制点位于 39.184953°N ～ 39.253000°N，119.020331°E ～ 119.091431°E，见图 7-32。

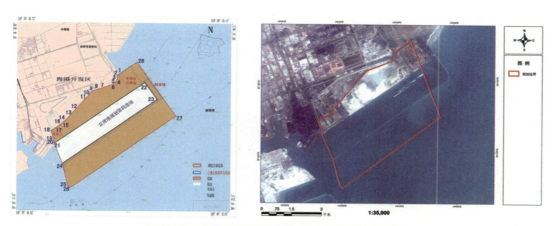

图 7-32　京唐港区规划边界（左）和批准边界（右）

京唐港区（乐亭县临港产业聚集区）总的规划面积为 27.93 km²，其中填海造地面积 19.07 km²，水域（第四港池）面积为 8.87 km²。原国家海洋局《关于乐亭县临港产业聚集区（京唐港区）区域建设用海规划的批复》（国海管字〔2012〕75 号）要求，规划用海面积控制在 23.49 km² 以内，其中填海面积控制在 15.60 km² 以内。京唐港区总规划用海面积为 27.93 km²，较原国家海洋局批复的用海面积（23.49 km²）增加了 4.44 km²，超出了原国家海洋局国海管字〔2012〕75 号《关于乐亭县临港产业聚集区（京唐港区）区域建设用海规划的批复》中规定的范围。

7.4.2 规划前期建设情况

京唐港区于 1989 年开工建设，1993 年实现正式通航，历经 20 余年的发展，目前已建成第一、第二港池全部及第三、第四港池部分泊位，截至 2010 年底，京唐港区共有 0.7 万～10 万吨级生产性泊位 29 个，设计总通过能力为 7368 万吨 /20 万 TEU，其中专业化泊位（包括 3 个煤炭、2 个液体化工、1 个纯碱、1 个散装水泥泊位和 2 个集装箱泊位）的能力为 3343 万吨、20 万 TEU，其余均为通用散货、杂货泊位。

京唐港区现有 10 万吨级航道（兼顾 5 万吨级双向通航），全长 10 km，设计底宽为 275 m，设计底标高为 -15.5 m，于 2009 年底建成投入使用。为适应船舶大型化、泊位深水化的发展要求，京唐港区拟开工建设 20 万吨级航道，届时可以满足 20 万吨级船舶满载进出港，同时也兼顾 5 万吨级以下船舶双向通航要求。京唐港区现有 1 号锚地和 2 号锚地，1 号锚地为散杂货船舶锚地，2 号锚地为危险品船舶锚地。为满足大型船舶锚泊要求，京唐港区目前正在开展锚地扩建工作，并积极向中华人民共和国海洋局申请报批。港区供水、供电、通信等基础设施及公安、海监、边检等口岸管理与商贸服务设施已初步配套，具备了大规模开发京唐港区的基本条件。

京唐港区自 1993 年投入营运后，承运货种从初期单一的内贸煤炭、原盐，发展到目前的煤炭、矿石、钢材、原盐、粮食、纯碱、陶瓷、棕榈油、沥青、纸张、稻草、硫黄、煤焦油、水产品、重型设备等十多个大类、数十个货种。航线通达国内 100 多个港口、国外 40 个国家 60 多个港口。陆域腹地辐射至北京、山西、陕西、内蒙古、宁夏等地。

规划发布实施前，在规划区域内部有 4 块区域已经进行了海域使用开发。分别是：① 京唐港区 3000 万吨煤炭（32 号到 34 号）泊位堆场工程填海二区；② 京唐港首钢码头有限公司矿石、原辅料及成品泊位工程码头堆场用海；③ 京唐港首钢码头有限公司矿石、原辅料及成品泊位工程港池用海；④ 京唐港首钢码头有限公司防波堤用海，见图 7-33。

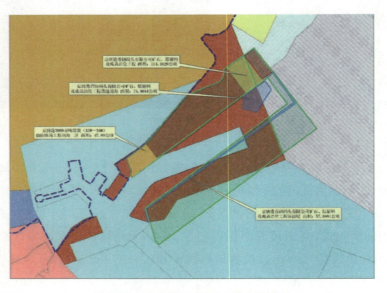

图 7-33 京唐港区规划区域内用海图

规划实施前,已有 3 宗用海获得原国家海洋局批复,分别为京唐港 3000 万吨煤炭泊位及堆场工程(填海二)和京唐港首钢码头有限公司矿石、原辅料及成品泊位工程(包括防波堤),其海域使用权证书号分别为国海证 071100048 号、国海证 111100032 号和国海证 111100033 号,填海面积分别为 0.48 km², 1.14 km² 和 0.57 km²。规划发布实施前,得到省批复的项目共 13 项,用海面积为 8.3 km²,其中填海面积为 3.79 km²,主要为码头、航道、仓储等起步工程,见表 7-8。

表 7-8   2004—2009 年省批复京唐港区项目用海及填海面积

项目名称	批准时间	用海总面积(km²)	填海面积(km²)
京唐港散货泊位	2004	48.98×10^{-2}	48.98×10^{-2}
唐山海港开发区旅游生活岸线起步工程	2006	48.48×10^{-2}	48.48×10^{-2}
京唐港挡沙堤三期工程	2006	28.86×10^{-2}	28.86×10^{-2}
唐山港京唐港区液体化工码头罐区	2006	49.98×10^{-2}	49.98×10^{-2}
唐山港京唐港区第五港池液体化工仓储围堰工程	2007	8.42×10^{-2}	8.42×10^{-2}
唐山港京唐港区第五港池液体化工仓储区一期	2007	48.7×10^{-2}	48.7×10^{-2}
唐山港京唐港区挡沙堤三期工程	2008	29.12×10^{-2}	/
唐山港京唐港区第五港池液体化工仓储区二期填海工程	2008	48.64×10^{-2}	48.64×10^{-2}
唐山港京唐港区挡沙堤三期东平行潜堤用海工程	2008	5.2×10^{-2}	/
唐山港京唐港区第五港池液体化工仓储区三期填海工程	2008	47.48×10^{-2}	47.48×10^{-2}
唐山港京唐港区第五港池液体化工仓储区四期填海工程	2008	44.19×10^{-2}	44.19×10^{-2}
唐山港京唐港区 10 万吨级航道工程	2009	417.4×10^{-2}	/
唐山港京唐港区液体化工泊位铁路专用线工程	2009	5.2259×10^{-2}	5.2259×10^{-2}
总计		830.66×10^{-2}	378.96×10^{-2}

7.4.3   填海造地实施进展

根据 2010 年、2012 年和 2014 年遥感影像图和现场监测,2010 年规划实施前,规划区总填海造地面积已有 5.57 km²,到 2012 年,规划区总填海造地面积为 6.32 km²,2010 年较规划实施前增加了 0.75 km² 的填海面积;到 2014 年,规划区总填海造地面积较 2012 年增加了 0.21 km²,规划区填海造地总面积达到 6.53 km²,见图 7-34 和表 7-9。

到 2014 年,填海率达到 41.86%,按照分步实施步骤,到 2014 年完成 T4 和 T5 区域的吹填,目前实施工程进度较规划相对滞后。此外,由于面积相对较小,入驻且批复的项目相对较少。

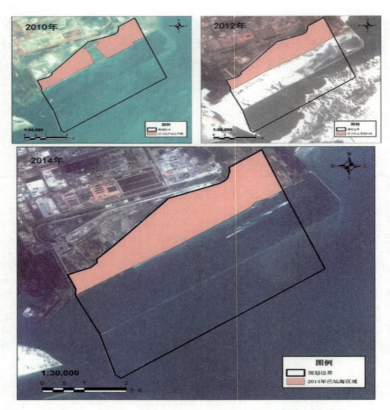

图 7-34　2010、2012 和 2014 年京唐港区填海面积变化

表 7-9　2010—2014 年京唐港区总填海造地面积情况

	2010	2012	2014
总填海造地面积（km²）	5.57	6.32	6.53
完成规划填海比例（%）	35.71	40.51	41.86

7.4.4　规划区用海现状

2004 年 4 月至 2014 年 9 月，原国家海洋局和省批复的用海项目共计 26 项，批复的用海项目用海面积为 19.95 km²，其中已批项目填海造地面积达 8.09 km²，占近期规划填海面积（15.60 km²）的 51.86%，见图 7-35，主要为码头、航道及储存区，其他已批项目用海面积为 11.86 km²。

京唐港区项目用海利用率（已批项目用海面积／规划总用海面积）为 84.93%，项目填海利用率（已批项目填海面积／规划总填海造地面积）为 51.86%。根据遥感数据解译及实地踏勘，到 2014 年，京唐港区已建在建项目面积为 3.22 km²。京唐港区开工建设率（已建、在建项目总面积／填海造地面积）为 49.31%，见图 7-36 和表 7-10。

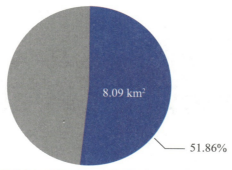

8.09 km²

51.86%

图 7-35 京唐港区国家及省批项目已使用填海面积占规划填海面积比例示意图

图 7-36 2014 年京唐港区已建项目区域示意图

表 7-10 2014 年京唐港区填海用海指标汇总

填海率（%）	41.86
项目用海利用率（%）	84.93
项目填海利用率（%）	51.86
开工建设率（%）	49.31

　　京唐港区目前填海面积达 6.53 km²，已完成规划填海造地目标计划的 41.86%，填海率未过半，是三个研究区中填海工程量最小，填海率最低的区域，这与京唐港区规划实施年份较晚有关。京唐港区的年均增长率为 4.1%，处于较低的填海面积增长阶段；在项目用海利用水平方面，京唐港区以 84.93% 的项目用海利用率位列三个研究区之首，展现出良好的项目引进能力和引资潜力；京唐港区的项目填海利用率和开工建设率分别为 51.86% 和 49.31%，在三个研究区该类指标的对比中处于一般水平。

08 综合评价结论与问题、对策

8.1 各规划区评价结论

8.1.1 渤海新区

（1）沧州渤海新区用海规划实施后，渤海四个主要分潮的潮汐结构基本无变化，近岸海域的浅水分潮 M_6 的等振幅线在用海区附近变化相对较大；因填海造地工程对原自然岸线产生了较大变化，渤海新区北部近岸流向发生了变化，但最大分潮流速基本不变，临近挡沙堤两侧海域的逐年淤积量相对较大；区域水交换能力明显下降，12 个月的水体平均交换率下降 $-0.69\% \sim -12.92\%$。

（2）基于多个年份的水质监测资料统计，渤海新区主要水质污染物为无机氮，与整个渤海湾区域的污染物种类较一致，COD 和汞个别站位超标，其余监测指标均满足相应功能区海域水质标准。近岸海域初级生产力与规划前基本持平，浮游植物生境质量等级较 2008 年有所好转，但浮游动物生境质量较差。由于区域吹填造陆，港池、航道的开挖，底栖动物生境质量一般。区域沉积物质量状况总体良好，但存在砷潜在污染风险，有机碳超标较严重，有待进一步核实超标原因。

（3）区域用海规划实施以来，渤海新区填海面积达 51.29 km^2，为当地经济发展带来了极大的发展空间；渤海新区的生产总值、全社会固定资产投资完成额、工业企业增加值的增长均较快，年增长率均超过 18%，渤海新区生产总值占沧州市百分比由 2009 年的 5.27% 增长到 2014 年的 7.35%，为沧州市的经济发展做出了巨大的贡献，2014 年沧州市 GDP 首次超过邯郸市，在河北省内排名第三；黄骅港港口吞吐量突破 1 亿吨；渤海新区 2014 年新增就业人口 863 人，从业人员工资大幅上涨至 41673 元／人，社会保障覆盖率提高到 7.83%，建设防波堤 4 条，提升了防御自然灾害的能力，区域建设的同时为促进当地就业、加强社会与民生建设起到了积极作用，为加快港口的发展增添了新的更大的动力。

（4）沧州渤海新区目前填海面积达 51.29 km^2，已完成规划填海造地目标计划的

68.78％;沧州渤海新区以29.17％较高年增长率位列三个研究区之首,高于京唐港区和曹妃甸工业区近期工程区近25个百分点,表现出在规划实施期里较高的填海速度;在项目用海利用水平方面,沧州渤海新区具有较低的项目用海利用率(38.70％),表明在填海面积快速增长的情况下,沧州渤海新区项目入驻速度与数量并未与之发展速度相匹配;沧州渤海新区的项目填海利用率和确权填海项目开工建设率相对较低,分别为42.09％和29.65％,也在一定程度上反映出大规模填海建设过程中沧州渤海新区在项目引进及建设效率上的不足。

8.1.2 曹妃甸区

(1)曹妃甸工业区用海规划实施后,渤海和渤海湾的四大主要分潮的潮汐结构基本没有发生变化,但浅水分潮的影响相对大;甸头两侧、曹妃甸工业区近岸两侧的流向略有变化,但最大分潮流速基本不变,对潮沟和深槽水深维护较有利,曹妃甸东北侧浅滩目前依然处于微淤状态,曹妃甸甸头前沿深槽水深基本稳定,但由于用海区东侧路堤工程建设,导致靠近龙岛附近的区域处于淤积状态;曹妃甸工业区周边海域12个月的水体平均交换率为4.93％～ -10.63％,甸头前沿海域下降最为显著。

(2)基于多个年份的水质监测资料统计,曹妃甸工业区附近海域污染物与渤海区域较一致,为无机氮和磷酸盐,海水环境质量整体较好,但石油类含量呈上升趋势,与该区前些年施工船舶较多和区域航运业发展较快有关。近岸海域初级生产力呈先上升后下降的趋势,浮游植物和底栖动物生境质量呈逐年恢复的趋势,但浮游动物生境质量较2012年有所下降,表明大规模吹填施工结束后区域生境呈转好的趋势。游泳生物资源平均密度为218.44 kg / km^{2}和95764尾 / 平方千米,头足类成体为12.80 kg / km^2,虾类资源密度为69.871 kg / km^2,蟹类资源密度为9.113 kg / km^2,均低于规划前的资源密度水平。鱼卵、仔鱼优势种数量减少,鱼卵平均密度为0.63 ind/m^3,仔稚鱼平均密度为0.43 ind/m^3,分别降至规划前的1/2和1/7。沉积物环境质量总体良好,但2014年汞含量急剧增加,超标现象严重,需要排查污染源,2015年汞含量有下降趋势。

(3)区域用海规划实施以来,曹妃甸工业区(近期和中期)填海面积达92.64 km^2,为唐山市整体发展拓展了巨大的空间;曹妃甸工业区所在的曹妃甸区生产总值占唐山市百分比在5％以上,曹妃甸区固定资产投资占唐山市比例在19％以上,为唐山市的经济发展做出了较大的贡献;曹妃甸港区吞吐量增长迅速,年均增长率高达32.5％,2013年港区吞吐量突破2亿吨;完成通岛路等道路建设,建成九年制学校1所、综合医院1座,基础设施建设涉及供水供电、污水处理、消防、绿化、灾害防御等多方面内容,对曹妃甸工业区的基础民生、社会保障、教育医疗、防灾减灾起到了积极的促进作用。

(4)曹妃甸工业区近期工程区域目前填海面积达92.6 km^2,已完成规划填海造地目标计划的89.97％,填海率较高,位居三个研究区之首;曹妃甸工业区近期工程的年均填海增长率为3.0％,表明该区域已处于填海建设的末期阶段,填海面积增长重点已转移至中期工程区域;曹妃甸工业区近期工程区域的项目用海利用率为57.73％,项目的批复入驻速度与数量均处于平均水平范围;而在项目填海利用和确权填海项目开工建设水平方面,曹妃甸工业区近期工程区域具有较高的项目填海利用率和确权填海项目开工建设率,分别为 58.04% 和 80.99%,反映出曹妃甸工业区近期工程区域目前处于由规模性填海建设阶段转为项目审批进驻与开工建设阶段,也潜在体现出曹妃甸工业区潜在的区位优势、高效以及较强的资金投入力度。

8.1.3 京唐港区

(1) 京唐港区用海规划实施后,渤海四个主要分潮的潮汐结构基本无变化,附近海域的 M_6 分潮等振幅线略向北偏,等迟角线往东方向偏转;京唐港区域建设用海区附近海域各主要分潮的最大流速基本没有变化,但港区东部近岸和口门附近变化相对较大;近岸 1 km 地形复杂,冲淤交替出现,离岸 1 km 后,以侵蚀为主,从东北沿岸至西南沿岸为先侵蚀后稳定再侵蚀再稳定的状态;京唐港区的区域水交换下降较小,12 个月的水体平均交换下降 $-0.66\% \sim -1.67\%$。

(2) 基于多个年份的水质监测资料统计,京唐港区海水环境质量与《河北省海洋环境质量公报》一致,主要污染物为无机氮、磷酸盐和石油类,其余调查指标均满足二类海水水质标准。从 2012 年开始石油类含量呈上升趋势,推测主要原因为受 2011 年渤海溢油事件影响。京唐港区近岸海域初级生产力水平先升高后小幅下降,浮游植物生境质量起伏较大,浮游动物和底栖动物生境质量表现为恶化趋势。2010 年调查结果为春季(5月份)鱼卵以青鳞为主,仔鱼以虾虎鱼为主,与施工前的鱼卵、仔鱼优势种一致,但鱼卵、仔鱼平均密度下降明显。京唐港区沉积物主要污染物为石油类,其他沉积物质量指标符合沉积物二类标准,这与该区域重点发展航运业有关。

(3) 区域用海规划实施以来,京唐港区填海面积达 6.53 km²,为唐山市经济发展提供了发展空间;京唐港区吞吐量由 2009 年的 1.06 亿吨增长到 2014 年的 2.15 亿吨,年均增长率达到 15.2%,京唐港区在 2013 年实现吞吐量突破 2 亿吨;京唐港所在的唐山港集团,净利润稳步增长,资产的周转速度和销售能力维持在较稳定的水平,营业利润率稳定增长,唐山港集团在京唐港区域用海规划实施期间运行良好,发展势头强劲。

(4) 京唐港区目前填海面积达 6.53 km²,已完成规划填海造地目标计划的 41.86%,填海率未过半,是三个研究区中填海工程量最小,填海率最低的区域,这与京唐港区规划实施年份较晚有关;京唐港区的填海面积年均增长率为 4.1%,处于较低的填海面积增长阶段;在项目用海利用水平方面,京唐港区以 84.93% 的项目用海利用率位列三个研究区之首,展现出良好的项目引进能力和引资潜力;京唐港区的项目填海利用率和确权填海项目开工建设率分别为 51.86% 和 43.34%,在三个研究区该类指标的对比中处于一般水平。

8.2 问题与对策

8.2.1 区域建设用海区功能定位问题

1）区域建设用海功能定位出发点

区域建设用海的功能定位决定了未来规划区域的发展方向,在产业选择上要考虑当地的要素禀赋,发挥当地的区位、资源和环境优势,以发展主导产业和建设产业链体系为目标,形成特色鲜明的产业集中区或滨海宜居新城。某一地区的区域建设用海规划区的具体功能定位则需综合考虑多种因素来确定。首先,区域建设用海所在地的区位优势和定位对功能定位起到宏观把控的作用。例如,曹妃甸区域建设用海考虑环渤海京津冀区域一体化发展,辽宁省的区域建设用海考虑五点一线沿海发展战略,福建省的区域建设用海则参考海峡两岸发展和"一带一路"重要节点等区域战略定位。其次,区域建设用海所在地的近远期社会经济发展规划及相关行业规划决定了区域建设用海的基本方向。例如宁德漳湾临港工业区(一期)区域建设用海所在地环三都澳区域被福建省 2010 年列为十大新增长区域之一,目标拟建设成为海峡西岸东北翼新的增长极。再次,区域建设用海规划区所在地的已有产业基础至关重要。区域建设用海应是推动产业聚集、产业链发展、产业升级的重要因素,也是功能定位差异化、形成特色鲜明的产业集中区或滨海新城的关键因素。最后,区域建设用海所在区域的资源和环境禀赋应该能够支撑区域建设用海的需要。

对于区域建设用海承载多个功能定位的,还应结合区位特征、自然资源、生态环境、腹地经济和产业规划等,将规划区分成不同的用海功能分区,并分别进行功能定位,采取区块组团的形式开发建设,为区内产业的规模化集群化发展奠定基础,强化园区载体对产业升级项目的承载保障和示范带动作用,构筑产业升级支撑平台;推动各类要素向优势企业集中、向行业龙头企业集聚。

2）三个区域建设用海规划区的功能定位问题

通过京唐港区、曹妃甸区和渤海新区的区域建设用海规划区的综合评估,发现上述三个规划用海区的功能定位有待进一步明确,导致海域资源的空置和浪费以及区域建设用海的实施对当地社会经济的贡献不足,主要体现在以下几方面。

(1)上述三个规划用海区的功能定位均较宏大,产业特色不鲜明,同一经济区域内的定位较为相似。

三个规划用海区均依托现有的港区进行建设,均强调建设成为现代化的综合性港口区,大都定位在矿石煤炭港口和物流业等产业,产业定位相似现象普遍,在建设过程中彼此可能造成竞争激烈,不仅产业优势不显著,而且易导致产能过剩和产业链难以形成,海域资源浪费等后续问题。

例如,2015 年环渤海各大港口煤炭发运能力继续提高,其中曹妃甸港设计能力达

5000万吨的煤二期码头于7月份试投产,京唐港区装船能力达3650万吨的新煤码头已经投产,将新增煤炭中转能力。黄骅港煤炭三期和煤炭四期码头也投入运营,煤炭运输能力快速提高。但受经济结构调整和节能减排、清洁能源替代等因素影响,沿海地区煤炭总体需求增幅放缓,在下游需求平稳乃至萎缩,而在港口和铁路发运能力增加的情况下,整个北方港口发运煤炭能力远远高于下游实际需求水平。此外,以铁矿石接卸为例,环渤海西岸的唐山港、曹妃甸港、天津港和黄骅港均建有矿石专用码头,四个港口的距离相对将近,却集中了多个大型码头,且都是铁矿石装卸,重复建设现象突出,不仅加剧了环渤海区域的竞争,而且容易导致区域港口地位彼此消长。

因此,区域建设用海规划区作为一个新建设的工业项目集中区,应与周边区域城市或企业形成优势互补,错位发展,形成产业特色,防止产业同质化,避免恶性竞争。

(2)规划用海区的产业链体系和产业聚集效应较弱。区域建设用海规划融入了当前海域使用管理工作中一些较新的理念,如区域功能定位、空间布局、产业链条和产业聚集效应等,即通过大规模的连片式用海,达到集约集中用海、提高海域使用效率和带动产业聚集的目的,这些新理念也是区域建设用海规划设立的根本目的。通过京唐港区、曹妃甸区和渤海新区三个区域建设用海规划区的区域经济、产业结构统计,可发现部分用海规划区的产业链条较为薄弱,部分用海规划区的产业聚集效应还尚未发挥出来。

以渤海新区为例,作为新兴的煤炭输出港,黄骅港煤炭运输通道的特征显著,但黄骅港的货物运输与当地的经济联系较为疏松,港城关系不密切,仅起到了"过路财神"的效应。其原因在于受到自然条件的限制,黄骅港发展大型泊位受限,而且黄骅港距离天津港很近,河北省绝大部分的外贸货物经天津进出,导致黄骅港对地方经济的贡献不大。因此,黄骅港对区域经济的辐射带动作用非常有限。同时,黄骅港的腹地——沧州市尚未形成规模化产业群,城市要素聚集能力弱、城市产业集聚不够、工业实力不强,主要是以能源、原材料及初级加工品运输为主,没有形成相当规模的产业链和较好的商品流通市场,仅仅依靠港口只是作为运输中介,表面看上去吞吐量极大,实际上除赚取进港费和服务费外,并未给地区经济创造多少价值。而且渤海新区内的临港工业项目较少,尚未形成规模化和链条化产业集群,除中捷石化等几个项目外,其他临港工业规模也不大(如装备制造业),依托港口的相关产业发展较弱,城市对港口公共基础设施及货源支撑不足,区域经济对渤海新区的依存度较低。

因此,区域建设用海规划区在确定产业定位时,在产业选择上需更多地考虑当地的要素禀赋,如地理区位、腹地产业结构、产业特色、产业链化体系、产业辐射范围等要素,否则可能会导致规划用海区的产业链体系仍较薄弱,企业间关联度不高,难以形成特色鲜明、具有产业集中度的区域。

(3)功能定位与当前社会经济发展不衔接。有些区域建设用海脱离当地社会经济发展的现状,对未来发展过分高估,导致区域建设用海面积过大,园区招商不利,对生态环境产生较大不利影响。

以曹妃甸工业区近期工程规划为例,其规划期限为 3 年(2008—2010 年),按照将在曹妃甸工业区一号公路以西的区域规划用海 129.67 km²,其中填海造地面积为 102.97 km²,港池、纳潮河、排洪渠在内的水域面积为 26.70 km²,用于码头区、钢铁首钢产业区、综合服务区和加工工业区的建设。截至 2014 年 12 月,上述区域的填海完成率为 92.64%,确权填海项目的开工率也仅为 80.99%,导致了部分海域资源闲置多年。

此外,沧州渤海新区规划期限为 5 年(2007—2012 年),规划用海面积 117.21 km²,其中填海造地用海面积为 74.57 km²,但根据现场踏勘及遥感卫片解译,截至 2014 年 12 月,渤海新区内实际填海造地面积为 51.29 km²,填海造地完成率为 68.78%,大量新形成的土地资源却没有得到利用,确权填海项目的开工率也仅为 29.65%。

虽然,上述三个区域建设用海规划区的整体海域使用效率不高,部分原因是全球经济衰退和整体投资下降的宏观影响,但当时规划时对远期经济发展的预测过于乐观,并在用海论证时大量布置项目扩大填海造地面积也难辞其咎。

8.2.2 区域建设用海的规模问题

1)现状

根据规定,区域建设用海的规模最少不能低于 0.5 km²。目前,据统计实际上报到国家海洋局的区域建设用海规划,用海规模均超过 10 km²,可谓规模巨大。通常,沿海开发区区域建设用海涉及的建设项目种类较多,时间上具有一定的超前性,占用的海域空间范围较大,如果用海规模确定过大,超出了经济、社会发展的需要和海洋环境的承载力,必将造成建设分散,浪费海域空间资源,对海洋环境造成损害;如果用海规模确定过小,则常被实际发展的需求突破,造成建设发展的滞后与被动。同时,区域建设用海一般属于永久性改变海洋自然属性的用海方式,众多的建设项目不可避免地会对海洋环境造成损害。例如,曹妃甸工业区建设占用大面积的滩涂湿地,原先甸头及周边浅滩附近的大量文蛤已经大量消失,可见大规模填海造地不可避免地会导致湿地生境丧失、海洋生态系统服务功能下降。

无论从京唐港区、曹妃甸区和渤海新区三个区域建设用海规划区的实际填海造地进展,还是项目建设实际进展来看,三个规划区在短期内均呈现出不同程度的用海规模过大的问题,这与规划和论证阶段区域建设用海区用海规模的确定不无关系。因此,科学合理地确定沿海开发区区域建设的用海规模,对实现同一区域内围填海工程的合理布局,保障当地经济的有序发展,确保科学开发和有效利用海域资源,减少对生态环境的不利影响,具有十分重要的现实意义。

2)主要问题

发展与需求不协调,用海面积规模过大是区域用海规模存在的主要问题。由于国家对围填海进行了总量控制和指标化管理,单体项目的用海审批更加严格,而规划建设用海可在通过规划论证后,在不进行单体项目论证和评价时也可进行围填海活动,以至于许多沿海城市为了解决因地方经济的发展带来的用地紧张的矛盾,开始实施规划建设用海,一味追求填海造地面积和招商引资大项目,对中小项目则加以限制。同时,由于土地价格飞涨以及农业用地开发受限的影响,而围填海成本相对较低,且较易快速获得大片可开发的土地,促使一些地方政府以获取最大的土地储备为目的进行大规模、大范围的围填海。同时,在区域建设用海规划报告编制过程中,往往忽略规划区内的建设项目具有一定的不确定性,对国际和国内经济发展形势的预期过于乐观,规划区的分期建设时间段设定缺少依据,从而造成了目前区域建设用海规划工作中一个明显的特点——海洋产业发展与围填海实际需求不协调,建设用海呈现大规模、大范围的趋势。以京唐港区、曹妃甸区和渤海新区为例,无论从上述规划区的实际填海造地进展和建设项目进度,还是规划区的经济总体运行情况来看,基本上均落后于原规划报告中的预定目标。

由于围填海成本、施工难度和经济效益等众多利益的原因,大多建设用海规划都以浅滩、海湾为依托进行围填海作业,并采取从海岸平推式施工,从而造成填海岸线平直;同时大多建设用海规划过分注重填海面积、产业布局和经济效益,对围填海平面设计、预留水域和海岛等并没有引起足够重视,布局和设计单一,用海规划孤立,忽视生态用海和节约集约用海。

3)用海规模的确定方法

区域建设用海规模的确定是当前海域使用管理中的难点,用海规模与区域社会经济水平、区域功能定位和产业结构等息息相关。然而,目前尚缺乏科学有效的用海规模评估方法,在区域建设用海规划编制过程中,一般为需求导向决定用海规模,包括三个步骤。

一是根据地区经济社会发展的实际需求提出区域用海的设想。地区经济社会发展的实际需求一般参考当地国民经济和社会发展的中长期规划需求、当前社会经济发展亟待解决的空间缺口和矛盾、产业布局和发展方向等。

二是结合区域资源禀赋和生态环境承载能力,优化配置海域资源,实现节约集约利用海域资源,减小用海规模。这一过程中,在用海规模设想的基础上,资源禀赋和生态环境承载力对用海规模起到制约作用,忽视资源环境,盲目按照需求大面积围填,可能造成严重的生态后果。此外,可进行用海布置方案比选,通过对用海方式、空间布局的优化,提高海域资源利用效益,减小填海规模。

三是对用海规模进行合理性分析。由于用海规模是为需求导向提出的,合理性分析就显得尤为重要,但是目前能够真正明确指导用海面积合理性分析的方法也很少。由于用海规划是从宏观的角度提出区域用海的需求和设想,仅明确了规划布局、功能分区和用海布置方案,以及各功能区的范围、面积和发展方向,与单个项目相比,用海规划区域内的子建设项目存在一定的不确定性,加之区域用海涉及空间范围广、时间尺度大、行业跨度大,难以通过具体的建设规模,或某一行业的设计标准和规范判断用海面积是否合理。因此,规划建设用海面积的合理性分析比一般建设项目更加复杂,这也是过去多个区域建设用海规划实施以后海域利用率均较低的主要原因。

京唐港区、曹妃甸区和渤海新区三个用海规划区面积的确定,均是从产业结构、功能分区和区域产值产能等方面定性地分析用海面积合理性,过于强调规划区内各产业的产值和产能,而对各行业发展的前瞻性预计过于乐观,从而导致规划区内部分项目始终停留在图纸上。

2011年发布的《区域用海规划编制技术要求》要求"根据区位条件、当地社会经济状况、产业布局及发展方向,结合区域用海项目的建设及投资规模、规划需求、土地空间资源开发现状及海域资源开发潜力,预测分析区域建设用海的需求规模",并且"进行区域用海方案的比选,依据集约节约用海及保护海洋生态环境的原则,明确区域用海规划方案比选的主要指标和要求,通过多方案比选,阐明比选结果及推荐方案"。虽然,《区域用海规划编制技术要求》将区位条件、当地社会经济状况、产业布局及发展方向,结合区域用海项目的建设及投资规模、规划需求、土地空间资源开发现状及海域资源开发潜力列为区域建设用海面积合理性分析的重点考虑因素,但是没有进一步明确区域建设用海规划中上述指标的权重和计算方法,因此,可操作性较差。

目前,有学者提出了应用沿海开发区的劳均GDP(就业岗位的劳动生产率)、产业结构(第一、二、三产业的比例)及各产业中不同行业对GDP的贡献,先估算沿海开发区规划整体用地规模,进而测算沿海开发区的区域建设用海规模的方法。其基本原理是在沿海开发区规划可利用陆域面积已基本确定的前提下,需利用的海域面积大小(区域建设用海的规模),可以在开发区规划整体用地规模中减去可利用陆域面积求得。因此,确定了开发区规划整体用地规模即可推算出区域建设用海的规模。但是该方法中人均GDP的取值直接关系到用海面积的大小,因此,建议在实际使用中应从保守的角度选取人均GDP数值。

8.2.3　区域建设用海的产业链问题

1)区域建设用海区产业链

产业链是从产业关联规律中引申出来的概念,是产业间通过投入一产出关系而形成的一种有机联系。区域建设用海规划区别于一般的单体项目建设,区域建设用海规划区往往规划建设有不同门类的产业结构,合理的产业结构是区域建设用海规划区社会经济良性发展的基础,区域内产业内部的不断升级、各产业之间的相互衔接、相继发展是区域建设用海规划区经济持续稳定发展的前提。因此,区域建设用海规划区内的用海企业需要形成一个或多个产业链,才能保证整个规划用海区的经济持续发展。一个产业链成功与否,第一步也是最关键的一步是其链核的确定,即主导产业的确定。由于该产业在整个产业链中的主导和引领作用,它的选择将会直接影响整个产业链的运作和发展,甚至会影响其他产业链和整个区域经济。因此,区域建设用海区的产业应当在功能定位指导下，实现陆海联动统筹，优化海洋经济结构和产业布局，推动各产业之间的相互协调和相互补充，促进形成各具特色的海洋经济区域，使海洋经济成为国民经济新的增长点。

2）典型区域建设用海区的产业链分析

以曹妃甸区域建设用海规划区为例，按照本区的用海规划，曹妃甸工业区统筹考虑港口、工业区、港城建设，大力发展循环经济：以钢铁、大型重化工业、电力、装备制造等项目建设为载体，培育和打造钢铁、化工（石油化工、炼化工、盐化工）、能源、建材、装备制造等五大基地和现代物流产业，构成以精品钢项目为龙头的循环经济产业链，以大型炼化一体化渠道为龙头的循环经济产业链，以海水冷却、发电项目为龙头的循环经济产业链。但实际上，曹妃甸工业区的临港产业主要依靠资源投入和规模扩张，粗放式特征明显。由于炼化项目和海水淡化项目等其他项目的停滞，目前曹妃甸区的实际产业链只有两条——港口产业链和钢铁产业链。港口运输是经济的晴雨表，港口行业也具有与宏观经济形势类似的周期性。据统计，2014年曹妃甸港区货物吞吐量达到近2.9亿吨，首次超越秦皇岛港，跃居河北第一，并带动了装卸、仓储、物流、商贸、冶金、电力、矿产等多个产业的发展。因此，曹妃甸港已经形成现代港口系统，以优良的港口资源辐射邻近区域，有效地支撑了其他相关产业的发展。钢铁产业是一个原材料生产和加工部门，其上下游产业联系紧密，生产中消耗大量的矿石、煤炭、电力、运输、石油等原材料，生产过程中还需要机械制造、信息化等部门的密切支持。以曹妃甸工业区为例，曹妃甸工业区内只有两个钢铁生产企业，即首钢京唐钢铁公司和文丰钢铁公司，却带动了包装、运输、物流、焦化、新材料等行业的发展。

曹妃甸工业区新兴产业发展缓慢，科技含量亟待提升，产业协作水平偏低，产品多处于产业链下游，高附加值产业尚未形成，也是我国海洋工程装备制造业存在产业集中度低、专业分工和资源配置不合理、企业分布散，以及项目重复、盲目建设等问题的体现。从产业链条效应来说，应以空间高度集中的形式对产业进行结构优化，有利于降低综合成本，发挥集群优势。因此，建议政府通过政策、资金和技术等扶植手段，改变企业链条以调整产业结构和布局，从产业发展的角度，政府在优化调整产业结构时，应重点发展研发设计和高端装备加工制造两个产业链主导环节。一方面，以研发设计龙头企业为核心，衍生出技术服务和技术产品的海洋工程装备技术集群；另一方面，以高端装备加工制造优势企业为核心，通过产业链条的纽带作用，辅之以原材料加工制造、基础部件制造、工程装备总装和关联配套等企业，衍生出海洋高端装备制造集群。在集群发展模式的基础上，积极探寻与传统生产加工产业的切合点，真正形成海洋工程装备制造产业基地，不断吸引和推进上下游企业向产业基地内集中，激发产业发展的集聚优势。

由此可见，区域建设用海作为发挥海洋资源优势，发展地方经济的新增长点，应当提高产业准入门槛。这包括三个方面：一是要严把产业准入关，区域建设用海不应当什么产业都部署，它部署的产业应当具有的特点是能充分发挥临海优势、符合该区域建设用海在该区域的功能定位；二是用海区内形成产业链带动整个区域发展，促进企业内部与企业之间产业链的拉长加粗,逐步形成原料零储备、产品零运输的"隔墙供应"模式;三是提高企业准入门槛,这点可以仿效工业园区的投资准入政策,设置投资强度控制指标,只有投资强度达到一定的数值时才可以允许企业进入,建议投资强度不低于当地省级工业园区的标准。

3)陆海一体化发展格局尚未形成

曹妃甸工业区内陆地区主导产业的发展与沿海地区临港产业的发展关联度不强,钢铁、装备制造、化工等关联产业也是独立发展,临港产业与腹地产业之间的深层次融合互动机制尚未形成。产业同构、产能过剩,致使集聚效应不够强,不能形成统一合力。近年来,曹妃甸有港区、生活区、工业园区、国际生态城及商贸、教育、卫生等建设规划,但仍缺乏宏观协调。在港口、污水处理厂、供水管线等基础设施建设上,未将曹妃甸港区与唐山港区之间、港口与邻近的工业园之间、沿海经济带与唐山中心城区之间以及与内陆腹地之间进行统一的规划设计,浪费了许多的人力与财力。曹妃甸工业区与主城区在就业、科技与教育资源共享等方面还存在脱节,区域内资源流动和再配置进程缓慢;临港城市职能相对较弱,仅有一般性生活服务,港城联动程度低。由于政策吸引不强、人文环境相对弱化、基础设施不够完善,导致人口流动活力不足,集聚人气不旺,区域临时性建筑工人多,长期定居人口少,本地人转移多,外来移入人口少。

8.2.4 区域建设用海规划或论证报告中的指标评估

1)围填海控制指标的积极意义

为更好地运用区域用海政策,既为沿海地区经济发展服务,又最大限度地保护好近岸海洋生态环境,同时进行资源整合,使围填海工程实现社会、经济和生态效益最大化,区域用海规划需实行总量控制。因此,需要建立围填海指标管理体系,使海域资源得到科学、合理的配置,虽然目前围填海指标管理体系尚未成熟,但在集约利用、合理配置海域资源上仍起到了积极作用。

(1)避免区域建设用海规划过于超前,造成"围而不填、填而不建"的后果。在区域用海规划方案中,通过明确已落实项目占用海域面积情况;同时每个项目的占地面积应符合工业用地控制指标和建设项目用地控制指标要求,从而避免造成"围而不填、填而不建"的后果。

(2)避免目前区域建设用海普遍存在的用海规模上偏大、海域集约利用水平较低的问题。具体来说就是通过海域利用率和投资强度等控制用海面积,通过岸线利用率来控制平面设计,通过投资强度来控制产业、企业的准入及土地的节约集约利用。

(3)建议区域建设用海规划应分为多期开展,建议至少分为5期以上,避免一次性填海面积过大导致海域资源浪费或闲置。对于分期实施填海的用海规划,应待上一期用海规划中项目均已落实,且经过海洋管理部门评估后本期规划用海确实无法满足后继项目实施后,方可开展下一期用海的填海造地建设。

（4）区域建设用海管理和监管的重要依据。控制指标既是区域用海规划和海域使用论证等报告编制的重要依据，也可以在区域建设用海规划实施情况检查、项目竣工验收时发挥重要的作用。

2）经济指标评估的局限性

经济指标一般用于评价整体的工业园区或行政建制单位投入产出效益和经济运行情况。在区域建设用海中，经济指标的提出主要用于评估投入产出效益、海域资源开发利用效率以及对当地社会经济的贡献情况。目前，经济指标一般直接应用国民经济发展指标、工业园区评价指标。区域用海的适用性不高，尚缺乏有效反映投入产出效益、海域资源开发利用效率的适用于区域建设用海的经济指标体系，主要体现在以下几个方面。

（1）区域用海主要通过填海造陆和海域使用解决当地社会经济发展的空间问题，类似于基础设施建设和投入，其效益除了体现在经济方面外，其社会效益、间接的带动效应和贡献更为突出，通过投入产出类的经济指标难以反映。

（2）区域用海具有长期性、投资大、回报慢的特点，其经济效益的体现往往需要通过近期和远期情况综合体现，现有经济指标往往更适合短周期的经济行为，其评估结果只能反映短周期内的情况。

（3）经济指标的约束效力不足。区域用海大多是不可逆的"沧海变桑田"的过程，一旦填海造陆，自然的海域属性转变为陆地，通过经济指标进行的评估，无论结果如何，对于海域的使用已经没有约束作用。而对于形成的工业区、滨海新城的评估则与现有陆地经济体系的评估几乎无差异。因此，与围填海控制指标体系更多的约束本次区域用海不同，目前采用的经济指标评估对以后的区域用海具有更重要的借鉴和参考作用。

8.2.5 区域建设用海规划区的信息管理问题

区域建设用海规划围填海面积较大，一般规模都在几平方千米至数百平方千米，主要有地方政府来主导完成，而且为完成前期用海手续报批、区域用海填海工程、招商引资和后期规划区行政管理，往往新设立一个同级别甚至高一级别的行政管理机构。虽然，新设立的行政管理机构整合了多个行政管理部门，能高效地完成上述工作，但该机构也简化了多个职能部门。如曹妃甸工业区，成立了曹妃甸工业区管委会（副地市级单位），包含了国土、海洋、教育、交通、社保、民政、发改、住建和税务等多个职能部门，各部门单独管理所管辖范围内的用海单位的信息，但唯独缺乏关键的数据汇总与整合的部门——信息统计部门，而且上述各部门所掌握的用海单位经济活动信息往往不全面。此外，新区的海洋局具有精简结构，往往只设立海域管理和环境保护等常规部门，对用海单位信息掌握程度有限，而且区域建设用海规划区的原海洋管理部门与新区海洋局在资料交接的过程中常常存在不衔接之处，大量用海单位的信息原海洋管理部门和新区海洋局均掌握不全，导致在区域建设用海规划区的实际评估过程中，大量基础资料的缺乏往往给评估工作带来了诸多不便。

评估区域建设用海规划区的实施是否达到预定规划目标离不开大量基础数据的支撑,而基础数据采集、汇总和整理则依赖于专门机构的运行。以海洋观测站(网)为例,在美国这项工作是由 NOAA 负责,所采集的数据供业务部门、研究机构甚至公众个人使用。但在我国则不同,以曹妃甸区和渤海新区为例,上述两个规划用海区的管委会内均没有设立信息统计局,区域建设用海规划区的各行政管理部门均掌握所管辖权限内的用海(地)单位的基础数据,却没有基层的行政管理部门负责统计、汇总和整理上述信息,不仅造成资金分散且重复投入和数据缺失,而且导致了数据封锁。

在实际区域建设用海区综合评估过程中,仅靠科研人员逐个部门和企业去采集信息,其工作难度可想而知。因此,建议为完整掌握区域建设用海规划区从筹建、施工至运营等每个阶段区域内的所有用海(地)单位的基本状况,可在区域建设用海规划区内设置信息统计部门,负责采集、汇总和整理用海区内各用海(地)单位的基本信息。不仅便于政府或科研部门了解区域建设用海规划区的实施进展情况,而且为今后实施区域建设用海规划提供了大量可借鉴的宝贵资料和经验教训。

8.2.6 区域建设用海规划区的实施过程监控与效果评估

由于受到技术方法的局限性及相关不确定因素的影响,任何规划的制定与实施,都不可能精确地估计和达到规划实施前制定的目标及环境效果。因此,监控和评估就成了避免规划目标出现重大偏移,保障规划顺利实施的一项重要手段。并且通过用海规划区的实施效果评估,从中吸取经验和教训,可为今后类似区域建设用海规划区的实施和评估提供一定的借鉴。

由此可见,加强区域建设用海规划实施阶段的监控工作,主要是开展以下指标的监控管理。

(1)海洋资源环境监测工作。在区域建设用海规划区填海造地完成后,开展规划区的水深地形、重要航道潮流、区域潮汐结构、海洋水质、海洋生态和生物体质量等监测。对于位于海湾地区的区域建设用海规划,还应重点监测海湾纳潮量变化和鱼卵、仔鱼变化;对于位于河口附近的区域建设用海规划,还应重点监测典型断面的潮通量和分流比;对于产业功能定位为重化工类型的区域建设用海规划,还应重点监测水质和沉积物的石油类和重金属等特征污染指标;对于产业定位为城镇生活类型的区域建设用海规划,还应重点监测海水水质的 COD、氮、磷等特征污染指标;对于产业功能定位为港口行业的区域建设用海规划,还应重点监测海水水质和沉积物的石油类、重金属等特征污染指标。

(2)社会经济指标统计。在区域建设用海规划区填海造地完成后,应逐年统计规划区内就业人口数量、人均住房面积、小学入学数量、固定资产投资额、人均收入、总税收额、地区生产总值、港口吞吐量、人均国内生产总值和国民经济总产值等可量化的指标。此外,部分社会指标无法量化,也应纳入统计范围,如文化、艺术、教育、卫生、基建等。

(3)实施效果评估。利用海洋环境现状监测数据以及数值计算等手段,从水沙动力环境、水深地形、水质环境、海洋生态环境等方面选取代表性的指标,与用海规划实施前的监测数据或预测结果开展对比分析,分别阐明区域建设用海规划区实施后以上指标的变化。区域建设用海规划区用海面积大,涉海企业众多,产业门类多样,管理部门复杂,若对用海内每个企业分门别类地开展经济效益和社会效益评估,不仅工作量巨大、工作周期长,而且数据资料的搜集难度较大、数据可信度较低。故建议应从区域建设用海区整体的经济和社会运行指标开展评估,也便于同规划报告或论证报告中的经济和社会目标相对比。此外,为规范区域建设用海的实施,还需开展实际用海界址评估和实际产业布局评估。

（4）评估结论。对区域建设用海规划区实施后的生态环境影响的范围、程度及可能造成的后果等进行科学评估,评估区域建设用海规划区实施后的社会经济是否达到预期指标。若评估结论显示存在重大问题,则应开展深入研究工作,找出问题所在,并制订有效措施来降低规划实施带来的不利影响,必要时要及时调整用海规划。

（5）对于区域建设用海规划区实施后的实际综合效益,没有可以参照的相关现行规范或技术方法。而且区域建设用海规划区用海面积大、用海企业繁多、产业结构多样、管理部门众多、统计信息渠道不畅等,均给区域建设用海规划区的实施效果评估带来诸多不便。因此,急需通过摸索与研究,建立一套操作性强的评估技术方法。

8.2.7 区域用海规划中闲置海域（土地）的处置

1）闲置原因

《闲置土地处置办法》（国土资源部第 5 号令）中明确规定闲置土地是指国有建设用地使用权人超过国有建设用地使用权有偿使用合同或者划拨决定书约定、规定的动工开发日期满 1 年未动工开发的国有建设用地。已动工开发但开发建设用地面积占应动工开发建设用地总面积不足 1/3 或者已投资额占总投资额不足 25%,中止开发建设满 1 年的国有建设用地,也可以认定为闲置土地。《河北省闲置海域处置办法》（冀海发〔2013〕17 号）中规定闲置海域是指海域使用权人自取得海域使用权之日起满一年未开发使用的海域。

区域建设用海规划用海规模大,往往是新建一座工业城镇或城镇居住区,涉及的土地一般是工业用地和住宅用地。土地作为一种稀缺资产,具有保值和增值作用。从长远来看土地有很好的增长预期,土地的升值效应要远大于土地的产出效应,囤积和炒卖土地比正常的房地产开发或实体经济体建设所需的周期短、利润高,故投机资本大量涌入。对于房地产开发商来说,地价的翻番是比建房、卖房更大、更快的暴利获取方式,取得一块土地后,对其投入尽可能少的资金,然后拿这块土地抵押后继续购入新的土地,采取推迟开发来获得更多的利润导致了土地的闲置。工业用地闲置还包括政府基础设施配套不完善,影响用地项目开发建设;市场变化、企业经营不善、资金短缺造成后期无力开发建设;因债权债务被查封不再开发建设;土地开发手续早已完善,但开发企业之间相互转让,造成开发时间延误,从而造成土地闲置。

2）相关法律法规缺陷

相关法律法规的不完善导致闲置土地处置难度大。国家对闲置土地认定和处置在《闲置土地处置办法》（国土资源部第5号令）中虽有明确规定，但难以执行，特别是"用而未尽"的土地尚没有相关的处置规定。5号令中仅明确一年以上未动工建设的，应当缴纳闲置费，连续两年未使用的，县级以上人民政府可以无偿收回，只要用地单位动工建设了，哪怕是动工建设了一点点，用地单位即无须受到任何处罚。此外，由于土地的闲置有企业自身经营不善、发展方向调整，也有政府规划频繁变动乃至群众信访等多种因素杂糅在一起，政府部门对土地闲置"认定难"，用地企业打政策"擦边球"，使政府无法收回土地。"闲置低成本甚至零成本"，政府一旦要收回，用地单位则可获得高额回报，闲置土地和"用而未尽"的土地普遍存在，便不足为奇。而且，法律法规对收回土地使用权和收取土地闲置费都没有明确可申请法院强制执行的条款，这就造成了闲置土地调查容易、执行难的现象。

目前，我国对各级政府领导干部的考核着重于眼前考核和数据考核，重GDP的增长，轻增长后的成本和水分；重短期的经济效益，轻效益背后的资源浪费和生态影响；重做大做快，轻做实做好，造成各级政府为了应对考核贪大求快、急功近利、虚报数据等。各地普遍存在在谈的项目多，签约的少，真正落地的项目更少；意向投资数额大，实际投下的资金少；供地的规模大，真正建成产生效益的用地少。片面追求所谓的"大项目"，片面追求快速供地，缺乏前期对项目的研究论证，基本上是用地单位怎么说就怎么做，只要项目来了，地供出去了，数据好上报有利于排名就行，节约集约用地并不在考虑范围之内。国家虽然出台了工业项目用地控制指标，但主要以投资强度来核定用地规模。因供地在先，核定投资规模在后；且投资强度本身难以核定，就出现了企业想要多大的地，就相应报出多大的投资规模，还是难以控制用地规模。

在实际操作中，闲置土地处置难。一是企业实际投资额难以准确核定。二是现阶段政府要想按法律规定把"未尽"土地收回再利用，必须付出很高的代价，政府往往会因收回成本太高或资金不足或不愿涉嫌低价出让而高价收回。三是政府招商引进的项目，难脱千丝万缕的关系，无法下决心处置，更何况，有的"大项目"是政府大力宣传过的。

3）闲置海域（土地）处置建议

分期供地。政府应按照"规划控制，分期供地，把握主动"的原则，推进节约集约用地。对要地较大的项目，采取一次性规划控制、分期供地的办法，控制用地规模；合理核定一期供地规模，根据一期用地的投资建设情况，确定二期是否供地、供多大规模。这样，政府把握主动，可以有效控制用地规模，防止土地闲置。

弹性年限出让。实行工业用地弹性年期出让，打破单一的50年制，更贴近工业项目实际存续周期，有利于规范引导形成土地节约集约利用的制度环境，防止土地低效使用乃至闲置。弹性年期出让在降低企业土地成本的同时，将促使企业更多把发展目标和工作重心放在生产经营上，还将对工业用地市场价格产生明显影响，也会改变部分投资者试图通过圈地、圈地牟利的预期。上海市明确规定在浦东临港地区实施工业用地弹性年期出让制,原则上新增工业用地产业项目类出让年限不超过 20 年,出让价格按照基准地价对应的最高年限进行年期修正。对于国家和全市重大产业项目,经认定后最高年限可放宽至 50 年。

8.2.8　区域用海规划期限问题

1) 规划期限普遍偏短

从京唐港区、曹妃甸工业区(近期)和渤海新区的填海进度来看,在规划期内(曹妃甸工业区近期工程规划期限为 3 年,京唐港区规划期限为 5 年,渤海新区规划期限为 5 年),上述三个用海区的填海造地进度分别为 41.86%、98.52%、53.98%,而已利用的填海造地面积比例分别为 35.23%、94.32%、29.67%。从三个用海规划期的现场踏勘和经济统计信息可见,各用海规划区内存在不少企业正在从事场区土地平整和厂区建筑安装等,尚未达到投入生产经营活动的能力。由此可见,在规划期内,各用海区还普遍在实施填海造地工程,对于动辄几十甚至数百平方千米的填海造地工程而言,不仅填海造地的施工周期较长,而且后期还要进行软基处理、水电三通、道路铺设等工程,这均需要相当长的时间来完成。因此,上述用海规划区的规划期限尚短,在规划期限内基本都在从事填海造地和基建工程,区域内多数企业不能在规划期限内达到生产经营的能力,也就无从谈起经济效益等。

因此,区域建设用海规划区期限的划定应当考虑到区域填海造地施工、手续报备、企业建筑安装、生产能力达到设计能力、市政配套设施建设和常住人口等所需的时间,应延长区域建设用海区的规划期限,参照中小规模工业园区的建设周期,建议每期规划期限至少为 10 年。同时,建议应每年在用海规划区开展综合评估工作——评估规划实施进度、社会经济效益和生态环境影响等,通过每年的综合评估,获得用海规划的实际效益,评估规划期限是否需要修正,不断修正用海规划实施过程中的错误,达到不断自我完善的目的。

2) 简化审批手续

按照现行的区域建设用海审批制度,原国家海洋局负责规划的审批与监督管理,各分局负责对省级海洋行政主管部门规划实施监管情况和市级人民政府规划实施情况,用海规划和论证报告批准后,规划区围填项目应开展海域使用论证和海洋环评工作,报有审批权的海洋主管部门审批。一般填海造地的单体项目用海审批手续较为烦琐,涉及不同的分管部门和技术服务单位,从项目立项、可研编制、论证环评编制、获得批复至项目开工等所需的时间往往是 1～2 年,更不用说在区域建设用海规划区内,聚集了各行业各门类的大量项目,项目的审批需要一个接一个,审批时间相当长。

区域建设用海规划书和区域建设用海规划论证报告在规划和论证阶段,已经从区域经济发展、产业结构和功能布局等方面阐述了用海选址、面积合理性和利益相关者协调等内容,并对规划区中需建设的项目情况进行了论述。因此,当区域建设用海规划得到批复后,规划区内的单体项目在申请海域使用权和海洋环境影响评价时,应简化论证和评价内容,并按照项目的规模、类别等,适当将项目的审批权下放到市一级,以加快项目的审批流程。

参考文献

[1] 胡聪．围填海开发活动对海洋资源影响评价方法研究［D］．中国海洋大学，2014：29-37，74-87．

[2] 杨晓静．围填海造地及其管理制度研究［J］．科学导报，2013（18）．

[3] 岳奇，徐伟，胡恒，等．世界围填海发展历程及特征［J］．海洋开发与管理，2015，32（6）：1-5．

[4] 魏婷．世界主要海洋国家围填海造地管理及对我国的启示［J］．国土资源情报，2016（2）：47-52．

[5] 刘大海，于莹，李晓璇，等．我国近岸围填海环境影响评价研究进展［J］．海岸工程，2016，35（3）：74-82．

[6] 李京梅，孙晨，谢恩年．围填海造地经济驱动因素的实证分析［J］．中国渔业经济，2012，30（6）：61-68．

[7] 刘大海，丰爱平，刘洋，马林娜．围海造地综合损益评价体系探讨［J］．海岸工程，2006，25（2）：93-99．

[8] 崔保山，谢湉，王青，等．大规模围填海对滨海湿地的影响与对策［J］．中国科学院院刊，2017，32（4）：418-425．

[9] 苏钰．围填海对海岸带环境影响的研究进展［J］．化工管理，2016（14）：239-240．

[10] 王玉梅，丁俊新，张军．渤海生态环境及其影响因素的演变特征分析［J］．鲁东大学学报（自然科学版），2016，32（1）：66-73．

[11] 苏纪兰．保护滨海湿地，加强围填海管理［J］．人与生物圈，2011（1）．

[12] 林祥明，陈伟琪，饶欢欢．围填海导致的生态系统服务损失的回顾性评价——以厦门湾为例［J］．生态经济（学术版），2010（2）：385-389．

[13] 李宝泉，李晓静，周政权，等．围填海及其对底栖生物群落的生态效应［J］．广西科学，2016，23（4）：293-298．

[14] 白雪梅，徐兆礼．底泥悬浮物对水生生物的影响［J］．上海海洋大学学报，2000，9（1）：65-68．

[15] 刘述锡，孙淑艳．基于生态系统功能的围填海资源潜力评估方法初探［J］．中国渔业经济，2013，31（1）：150-154．

[16] 刘国强．滨海旅游业的发展潜力评价［J］．经济导刊（z1），2012：82-83．

[17] 丁智．围填海对渤海湾海岸带景观格局演变的遥感研究［D］．中国科学院研究生院（东北地理与农业生态研究所），2014：72-82．

[18] 尚金瑞．围海造陆填土与地基处理技术及其应用研究［D］．中国海洋大学，2015：2-5．

[19] 兰香．围填海开发对海洋产业的影响分析［J］．中国水运（下半月），2009，9（5）．

[20] 陈祺．广东省围填海地区软土地基沉降地质灾害的防治浅论［J］．地球，2013（4）．

[21] 赵强，曹维，蔡燕红．不同围填海方案对南黄海辐射沙脊群海域的冲淤影响研究［J］．南京大学学报（自然科学版），2014（5）：679-686．

[22] 周广镇．莱州湾东岸近岸海域规划用海实施后冲淤演变预测［D］．中国海洋大学，2012．

[23] 刘晴，徐敏．江苏省围填海综合效益评估［J］．南京师范大学学报（自然科学版），2013，36（3）：125-130．

[24] 黄国柱，朱坦，曹雅．我国围填海造陆生态化的思考与展望［J］．未来与发展，2013（5）：12-17．

[25] 贾凯．关于填海造地的岸线控制指标体系［D］．大连海事大学，2012：30-43．

[26] 朱凌，刘百桥．围海造地的综合效益评价方法研究［J］．海洋开发与管理，2009，26（2）：18-20．

[27] 张建新,初超.围海造地工程综合效益评估模型的构建与应用分析[J].工程管理学报,2011,25(5):526-529.

[28] 罗希茜.琅岐岛围填海活动综合效益评价分析[J].海峡科学,2012(6):68-73.

[29] 熊鹏,陈伟琪,王萱.福清湾围填海规划方案的费用效益分析[J].厦门大学学报(自然科学版),2007,46(S1):21-27.

[30] 陈彬,王金坑,张玉生,等.泉州湾围海工程对海洋环境的影响[J].台湾海峡,2004,23(2):192-198.

[31] 郭伟,朱大奎.深圳围海造地对海洋环境影响的分析[J].南京大学学报(自然科学),2005,41(3):286-296.

[32] 于格,张军岩,鲁春霞,等.围海造地的生态环境影响分析[J].资源科学,2009,31(2):265-270.

[33] 狄乾斌,韩增林.大连市围填海活动的影响及对策研究[J].海洋开发与管理,2008,(10):122-126.

[34] 林祥明,陈伟琪,饶欢欢.围填海导致的生态系统服务损失的回顾性评价——以厦门湾为例[J].生态经济(学术版),2010,2:385-389.

[35] 罗章仁.香港填海造地及其影响分析[J].地理学报,1997,52(3):220-227.

[36] 苗丽娟.围填海造成的生态环境损失评估方法初探[J].环境与可持续发展,2007,1:47-49.

[37] 于定勇,王昌海,刘洪超.基于PSR模型的围填海对海洋资源影响评价方法研究[J].中国海洋大学学报,2011,41(7):170-175.

[38] 戴桂林,兰香.基于海洋产业角度对围填海开发影响的理论分析[J].海洋开发与管理,2009,26(7):24-28.

[39] 肖佳媚,杨圣云.PSR模型在海岛生态系统评价中的应用[J].厦门大学学报(自然科学版),2007,46(1):191-196.

[40] 贾怡然.填海造地对胶州湾环境容量的影响研究[D].中国海洋大学,2006:6-11.

[41] 赵强,曹维,蔡燕红.不同围填海方案对南黄海辐射沙脊群海域的冲淤影响研究[J].南京大学学报(自然科学),2014,5:679-686.

[42] 张珞平.港湾围垦或填海工程环境影响评价存在的问题探讨[J].福建环境,1997,14(3):8-9.

[43] 吴瑞贞,蔡伟叙,邱戈冰,江志华.填海造地开发区环境影响评价问题的探讨[J].海洋开发与管理,2007,24(5):62-66.

[44] 尹鸿延.对河北唐山曹妃甸浅滩大面积填海的思考[J].海洋地质动态,2007,23(3):1-10.

[45] 刘洪滨,孙丽,何新颖.山东省围填海造地管理浅探[J].海岸工程,2010,29(1):22-28.

[46] 孙连成.塘沽围海造陆工程对周边泥沙环境影响的研究[J].水运工程,2003,350(3):1-5.

[47] 陆永军.强潮河口围海工程对水动力环境的影响[J].海洋工程,2002,20(4):17-25.

[48] 倪晋仁,秦华鹏.填海工程对潮间带湿地生境损失的影响评估[J].环境科学学报,2003,23(3):345-349.

[49] 张明慧,陈昌平,索安宁.围填海的海洋环境影响国内外研究进展[J].生态环境学报,2012,21(8):1509-1513.

[50] 曾相明,管卫兵,潘冲.象山港多年围填海工程对水动力影响的累积效应[J].海洋学研究,2011,29(1):73-82.

[51] 林磊,刘东艳,刘哲.围填海对海洋水动力与生态环境的影响[J].海洋学报,2016,8:1-11.

[52] 张钏,周玲玲,陈妍宇.瓯江口围填海的累积水动力效应[J].海洋湖沼通报,2020,2:64-71.

[53] 丁健,常欣悦,王志芳. 近33年沧州海域围填海空间格局变化分析 [J]. 应用海洋学报,2020,
　　　39（4）:522-529.

[54] 温馨燃,王建国,王雨婷. 1985—2017年环渤海地区围填海演化及驱动力分析 [J]. 水土保持通报,
　　　2020,40（2）:85-91.

[55] 刘西汉,王玉珏,石雅君. 曹妃甸海域浮游植物群落及其在围填海前后的变化分析 [J]. 海洋环
　　　境科学,2020,3:379-386.

[56] 刘洋,丰爱平. 区域围填海面积需求预测分析方法探讨 [J]. 中国渔业经济,2011,6:92-97.

[57] 李东,侯西勇,张华. 曹妃甸围填海工程对近海环境的影响综述 [J]. 海洋科学,2019,43（2）:
　　　81-86.

[58] 薛勇,周倩,李远,章海波. 曹妃甸围填海土壤重金属积累的磁化率指示研究 [J]. 环境科学,
　　　2016,39（3）:1306-1312.

[59] 崔保山,谢湉,王青. 大规模围填海对滨海湿地的影响与对策 [J]. 中国科学院院刊,2017（4）:
　　　418-425.

[60] 侯西勇,张华,李东. 渤海围填海发展趋势、环境与生态影响及政策建议 [J]. 生态学报,2018,
　　　38（9）:3311-3319.

[61] 魏帆,韩广轩,张金萍. 1985—2015年围填海活动影响下的环渤海滨海湿地演变特征 [J]. 生态学
　　　杂志,2018,37（5）:1527-1537.